宮本常一とクジラ

小松正之 著

雄山閣

宮本常一とクジラ／目次

一部を除き、写真撮影　山本　徹

はじめに

筆者は水産庁に一九七七年（昭和五十二年）に入庁した。カラスが鳴かない日があっても、外国が二〇〇海里の経済水域の設定の影響について、新聞やテレビ・ラジオが報じない日はないと言われ水産庁は多忙を極めた。筆者も組織の末端で忙しい毎日を送った。それこそ、銭湯にも入れない日々も多かった。そして筆者にも人事異動の辞令が下り、それまでの国内の仕事から、国際担当に移ったのである。それから一九八五年以来、国際交渉ばかり担当し、その間、日本水産、大洋漁業（現マルハニチロ）など日本の漁業会社が、アメリカ海域で操業をするための漁獲割当量確保や母船式サケ・マス漁業の米国水域での操業場の確保などのために奔走した。しかし、その努力もむなしく、日本の漁船団は米国やソ連から、ほぼ全面的に締め出されてしまった。その後、一九八八年にローマに行き、在イタリア国日本大使館に勤務した。ここでの業務は、ＦＡＯ（国連食料農業機関）の仕事をＦＡＯ憲章に則って円滑に進め、途上国などに貢献しているかどうかを確認することが、主たる業務であった。ＦＡＯの会議では、筆者は発言し、また、良く他加盟国や事務局の発言を聞き、世界の農林水産業の発展に微力を尽くしたいと思う。二〇〇一年（平成十三年）には、筆者がＦＡＯ水産委員会議長を務め、議事終了時には、インド代表から花束が、委員会を代表して筆者に贈呈され、スタンディング・オベーションを受けた。彼女からは日本で話題のインドの学問と商売繁盛の神「ガネーシャ象」もいただき、それとは知らず今まで大切にとって置いた。一九九一年（平成三年）に、後ろ髪をひかれる思いで、生活と仕事に深く馴染み、愛着を感じたローマに別れを告げて帰国した。

一九九一年八月からクジラに本格的に取り組むことを命ぜられた。寝食を忘れて東奔西走して、日本の捕鯨についての理解と支持を深めようとした。ワシントン条約締約国会合（絶滅の恐れのある種の保存と貿易規制に関する国際条約）、ミナミマグロ保存条約及び国際捕鯨委員会（ＩＷＣ）などをも担当した。ＩＷＣは一九九二年から一三回も連続して出席した。その間、日本の主張を世界に発信し、その主張の実践として国際捕鯨取締条約第八条に基づく加盟国の権利としての調査捕鯨を南氷洋で三〇〇頭のみであったものを、南氷洋で約一〇〇〇頭、北太平洋で三八〇頭に拡大し海洋生態系の総合調査の充実に貢献した。それまで小型のミンククジラだけだったのが、大型のナガスクジラなどが対象となったので、約五倍に拡充された。科学的知見も大いに深まった。一九九三年には二八年振りに京都でＩＷＣ年次総会が開催された。ピークに達したのが、二〇〇二年（平成一四年）、山口県の下関市において第五十四回ＩＷＣ年次会議が開催された時だった。筆者もテレビにかなりの時間映った。この下関の会合がその後のクジラ問題における大きな転機になった。

というのも、日本はこの会議から作戦を充実する。それまでは「国際条約上の権利的に」とか、「科学的に」、クジラはたくさん生息している、だから、捕って何か悪いのか。主としてこの二つを商業捕鯨再開の論拠の柱にして、交渉を展開していたのである。もちろん「異なる文化を尊重すべし」との柱は掲げていたが、具体的な主張は相当不足していたと考える。

当時、松林正俊山口県長門市長から、二〇〇二年に下関市でＩＷＣ年次総会が開催されるに当たり、捕鯨の発祥地として一六世紀末には長門市通浦や油谷で捕鯨が開始され、また、近代捕鯨の発祥地としても長門市仙崎で、日本遠洋漁業株式会社が一八九九年（明治三二年）に発足しており、これらを全面的にアピールする方策を講じて欲しいとの依頼と要請があった。筆者はこの依頼と要請があったことにより、捕鯨には日本独特の固有の文化と歴史の存在が重要性をもっていることに気がついた。この時筆者は、萩焼きの研究と、長州捕鯨をはじめとする

2001年、第54回IWC総会が開催された下関市と関門海峡

日本の伝統捕鯨についての研究の大家である河野良輔先生から薫陶を得る幸運に恵まれたが、残念ながら河野先生は二〇〇八年一月に他界された。捕鯨の重要性に日本国内で一般の方々にも理解が得られるようになったのを更に増進することが大切と考え、「われわれは、古来、クジラを捕り、食べ、利用できる部分は全て利用し、捕ったクジラには、深い敬虔な気持ちで供養し、クジラとともに生活してきた」という主張を展開することが重要であるとの認識を持つに至った。

二〇〇二年五月、ＩＷＣ会議の目前、長門市を中心とした山口県と日本全体の

第54回IWC総会・下関会議（website「鯨ポータルサイト」日本鯨研究所より）

捕鯨の歴史と文化を基本的に掘り下げ分析してみるために開催されたのが、「第一回日本伝統捕鯨地域サミット」であり、それが山口県長門市で開催された。会合の結果は、長門宣言として集約され、第五四回ＩＷＣ総会下関会議に報告された。これらは全て初めての試みであったが、今でも多くの自治体などから開催の要望がつよい。

科学的、条約上の権利のほかに、日本人とクジラが、長い間付き合ってきた歴史過程において、日本にとって、クジラはいかなる存在だったかを研究、分析、検証したのである。捕鯨は生活、生業、地域社会及び食文化の一部であり、その殺生に罪悪感と感謝の念の双方を持ち、供養することによって、心の中で自分たちの許しを乞う気持ちを見つけ、クジラ捕りたちは生きてきた。すなわち、捕鯨、供養、食文化及び芸術などの一連の日本人の営みを紹介や分析成果を発表することにより、クジラ捕りやその家族たちの心のひだを繙きたいと考えた。

このような生業、歴史、文化、そして芸術の各般の面を、もっと日本と世界に発信しようと考え、日本伝統捕鯨地域サミットは、二〇〇二年以後二〇〇六年まで場所を替えながら開かれた。和歌山県太地での「第五回日本伝統捕鯨地域サミット」をもってこの試みは閉幕したが、このような試みの重要性は失われないばかりか年々、重要性を増すと思われる。従って、筆者は日本の各地に残る歴史、文化を検証してきた。

その間に、いろいろな漁村地域や地域社会でクジラにまつわる文物や活動を見てきたのであるが、クジラにまつわるもののほとんどが江戸時代や明治時代の中期までで停止しているように見えた。筆者はその痕跡を辿った。ところが、それらが残る現在の地域社会を見ないわけにはいかない。自然に漁業や漁民の暮らし、地域社会の全体の暮らしが目に入るし、歴史的視点からも筆者に訴えかけてきたと感じた。そして、多くの書籍や文献に出会った。ある日、書店の民俗学のコーナーで、渡し船のともに腰をかけ、日常品や小動物と一緒に乗船している、笑顔がとても清々しく、楽しく、美しい一人の中壮年期の眼鏡をかけた男性の写真が表紙となった本に出会った。そして、それが佐野眞一著『旅する巨人』であり、直ちに手にとって読んだ。情熱に満ちた宮本常一とその仕事を陰に日に支援しつづけた、渋沢敬三の生涯がそこに記述されており、圧倒された。

それ以前に、ヨーロッパ行きの国際便の飛行機中で、『海に生きる人々』（宮本常一著）が筆者が読んだ宮本常一の最初の著作であった。松浦党の活躍と、江口甚右衛門による有川（長崎県上五島町）の捕鯨組の活躍の様子が描かれてあった。振り返ってみれば、筆者は大学で生物学を修めたが、水産庁という職場で漁業白書を書いたり、調査・研究・分析もし、漁村という現場で、実際の活動を目にし、体感しながら漁村地域社会や漁業者の役に立ちたいと思っていた。その感情や思いを満したいと思っていた。

筆者の原点は、漁村の生まれであるというまぎれもない事実である。岩手県陸前高田市広田町という、沿岸漁業とワカメ、カキなどの養殖業、沖合で操業するイワシ巻網漁があり、そしてクジラを追って南氷洋や北太平洋の金華山沖に行くもの、北洋のサケ・マス漁業に従事するもの、三九トンの木船で遠洋マグロはえなわ漁業に従事するものがあった。全ての漁業があった。自然に自分の身体に漁業が浸み込んでいった。故郷の町は、一時は、周辺の農村に比べ、大いに賑わった。しかし、遠洋漁業の衰退や資源の乱獲で急激に町はさびれた。日本のほとんど全ての沿岸漁村と同じだ。この故郷の町や数千に及ぶ日本の水産都市や漁村の浦々に、また、かつての賑わいをとり戻す手伝いをしなければならない。そのためには東京から全体を見ることに加え、全国の村や浦を自分の足で廻ることが大切であると思った。その思いが宮本常一の著作と出会い、共鳴した。

筆者が二〇〇五年にクジラ調査のフィールドワークに出かけ、淡路島から徳島を経由して、最後に周防大島（屋代島）にたどり着いた。その調査の最後に高知県の足摺岬の方に行こうと思っていたのであるが、共同通信の上野敏彦氏に「小松さん、ぜひ周防大島に行ってください」と言われたのがきっかけで周防大島町を訪れた。それから、周防大島に浸かるようになった。それが縁で筆者は宮本常一の足跡を辿る。辿り歩けば歩くほど、現在の漁村のさびれ、漁業の衰退が心にかかる。何とか再生・再活性化を果たしたいとの思いがあり、それは五十年前の宮本常一と共通するものが多いと思っている。

宮本常一は十六万キロ、地球を四周分歩いたと言われる。宮本常一が歩いた場所や、彼の著作の数は膨大である。筆者は、宮本の全旅についてや、その研究全体を語ることはできない。しかしながら、筆者は筆者なりの体験がある。その体験は、宮本のそれとは異なり、世界を国際交渉などで飛び回った体験であり、日本の遠洋漁業を見て回った体験である。その限られた体験を宮本常一の膨大な体験につなぎ、かつ重ね合わせてみたいと考えた。

そこで本書では、クジラに焦点を絞りつつも、それを超えて漁村社会も見たい。宮本の足跡をたどって、彼の歩いた時代と現代記録と何が同じだったのか、何が違ったか、これをどのように解釈すべきなのかということを考えたいと思った。今、宮本常一が歩んだ時代からみて、世界のクジラの議論はどうなっていて、今後どうしたらいいのか、また漁村社会、漁業や海の再生には何が必要かという将来に向けた展望をこころみたいと思う。

二〇〇九年二月　我が師　河野良輔先生にささぐ

小松正之

クジラの種類

宮本常一の著作には、鯨組についてやイルカ・クジラの捕獲についての記述は多いが、クジラの種類について記述したところは、私の知る限りほとんどみられない。対馬の千尋藻湾ではイルカの追い込みの建網漁について記述がみられたり、鯨組が大型のクジラを捕獲していたと思われることについては記述があっても、それがコイワシクジラ（ミンククジラ）なのかナガスクジラなのか、それについては、全く知るよしもない。しかし、クジラの種類を知ることは捕鯨を知る上で極めて重要であり、読者にお知らせしたい。

クジラという生物は一種類ではない。西洋の多くの人々は、クジラは、たったの一種類だと思い込んでいる人がことのほか多いという印象が筆者にはある。そして、さらに彼らはクジラという種類が絶滅の危機にあると信じている人が多かった。いまでは全ての鯨類が絶滅の危機にあると考える人は少なくなったと思う。

現在のＩＷＣの鯨類リストには八十六種類が掲載されている。そしてその内十五種類（ヒゲ

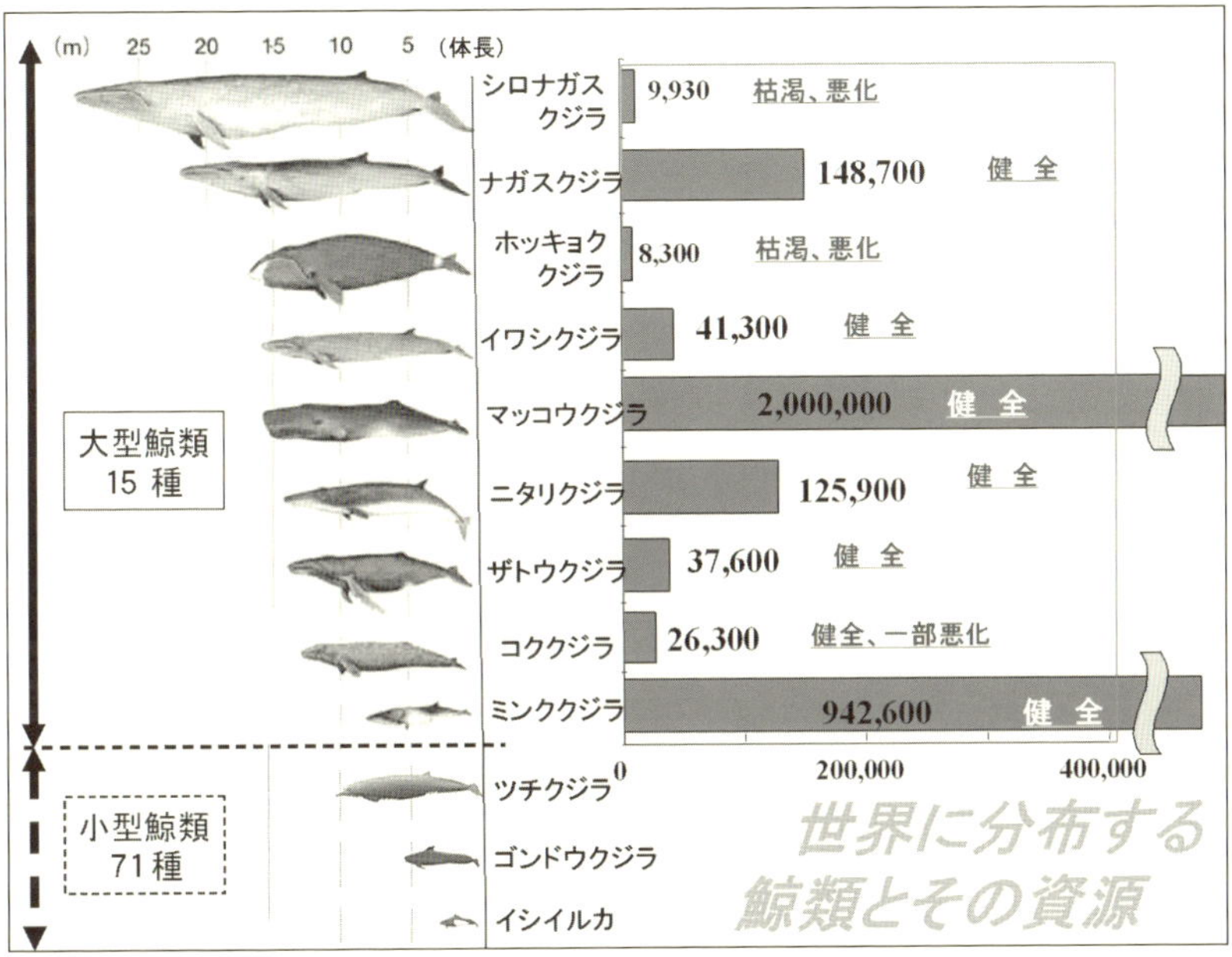

世界に分布する鯨類とその資源　資料：（財）日本鯨類研究所

クジラ十二種、ハクジラ三種）を大型鯨類としてIWC管理対象にしている。従って大型鯨類は商業捕鯨の一時停止の対象となり、現在、捕獲されていない（ノルウェーとアイスランドは商業捕鯨に異議申し立てをして、捕鯨を行っている）。日本が行っているのは科学調査目的の捕獲である。

図では、ミンククジラとツチクジラの間に点線があり、上が大型鯨類としてある。一番大きいのはシロナガスクジラ、全長約三〇メートルで体重、実に約一五〇トンもある。以下、ナガスクジラ、ホッキョククジラ、イワシクジラ、マッコウクジラ、ニタリクジラ、ザトウクジラ、コククジラ、ミンククジラと続く。シロナガスクジラが地球最大の動物である。ちなみに、地上における最大の陸上動物はアフリカゾウである。

シロナガスクジラは体重が最も大きかったので、脂皮も大きく厚く、この部分から灯油やマーガリンの原料としての鯨油が大量に生産することができた。このシロナガスクジラの一頭を基準として、シロナガスクジラ換算単位という鯨油生産の調整のシステムを設けて、戦前から戦後一九七〇年にかけてクジラの生産の制御が実施されたが、この方法によってもクジラの乱獲は止まらなかった。

図中のミンククジラはヒゲクジラ類の中では二番目に小さい。ヒゲクジラ類というのは、上あごの部分がひげ状になっており、それは歯茎が変形して、オキアミや小魚をこす機能がある。このミンククジラは、大体約八メートル。日本近海にも生息するし、南氷洋にも生息している。ところで、南氷洋ミンククジラ（クロミンククジラとも言う。）と、日本近海のミンククジラとを比較すると、実は、南氷洋ミンククジラのほうが太平洋のミンククジラよりも大きく、日本海のミンククジラのほうが太平洋側のものより心持ち小さい。太平洋の方が栄養状態が良く、日本海と太平洋とは別のグループであり遺伝子学的にも差がみられる。日本海のそれは、大体、体長が六メートルから七メートルが中心となる。太平洋のミンククジラだと、七～七・五メートル。南氷洋では、八メートルから一〇メートルになるのである。

マッコウクジラはハクジラ類、ハクジラというのは、文字通り歯があって餌を捕まえて飲み込むクジラである。

図中の点線から下が小型鯨類である。小型鯨類が、七一種類ある。具体的に少し種類をあげれば、バンドウイルカ、カマイルカ、スジイルカ、ヨウスコウカワイルカ、ガンジスカワイルカとか、スナメリなどをあげることができる。スナメリは食用にできないわけではないが、食べても美味というには、ほど遠い。これらを含めて七一種類。江戸時代の古文書にはこれらのクジラのうち大型鯨類ほぼ全てが登場する。白長須鯨、長須鯨と漢字で表現される。長須鯨は、腹に畑の畝のようにスジが何本も入っており、その畝が極めて大きくて長いことからこの名前がついた。最も美味であるとの評判が高い。最近でこそようやく日本も調査捕鯨で捕獲するようになったが、筆者は約七、八年前にアイスランドのレストランで醤油とわさびで食べた。刺身の味がいまだに思い出される。二〇〇八年二月にもナガスクジラを食べた。冷凍の仕方がまずく、ドリップ（肉汁）が流れ出し、甘味が薄れて美味しくなかった。白長須鯨は、海面の上から見ると、鯨体が白っぽく見えたところからその名がついた。西洋人には青く見えたのだろう。ブルーウェール（青鯨とでも訳す）と言う。その他にも座頭鯨、真甲（抹香）鯨、背美鯨、鰯鯨である。座頭鯨は、目の見えない座頭が琵琶を背負っているように背びれが見えるためである。真甲鯨は、背中が真平で平板なため。別名の抹香は、このクジラの直腸のつまりものとして採られる龍涎香が日本では抹香と呼ばれたため。また、背美鯨は背びれがなく背中が美しい。最も高く評価したのはこの「背美鯨」である。脂皮が厚く、鯨油がたくさん採れた。大漁を祝う鯨唄では「つつじ、つばきは野山を照らす、背美の子持ちは納屋照らす」と唄われた。鰯鯨は、餌とするイワシの群れの中に発見されることが多かったためである。ニタリクジラは土佐では、カツオの群れと一緒にいることが多く、鰹鯨と呼んだ。各地に奉納された絵馬には、かつお一本釣漁船の脇で大きな口を開く鰹鯨と見られる鯨が数多く描かれている。児鯨《コククジラ》は、他のクジラに比して比較的鯨体が小さいがために名付けられたものと見られる。ミンククジラは、最近まで小鰯鯨という名称で呼ばれていた。これは、鰯鯨の小さいものとの意味であろうか。

ところが、11頁の図をよくご覧いただきたい。図では、ツチクジラが小型鯨類になっている。体長一〇メートル以上あるにもかかわらずである。一方、大型鯨類に分類されているミンククジラは、先にも述べたように大きな南氷洋グループのものでさえ最大一〇メートル程度である。小さいミンククジラが大型鯨類で、大きなツチクジラが小型鯨類とされており、何かおかしいとお思いになるであろう。

実は、この大型鯨類というのは、国際捕鯨取締条約において、規制する対象のクジラなのである。従って、国際捕鯨委員会（ＩＷＣ）が、このクジラの捕獲を禁止したり捕獲を可能としたりするのは、全て、この大型鯨類だけに限られる。そもそも小型鯨類は国際捕鯨委員会の対象とするものではなくこの委員会の規制とは関係ないのである。

それでは、外国人が「イルカを捕るな」とうるさいのはなぜか。イルカは小型ながら鯨類だから、小型鯨類も捕ることは禁止なのでは？　という疑問を持つかもしれない。しかし、禁止でも何でもない。外国人が何をどう言っても、そのことに影響される必要はないのである。外国人が「捕ってはいけない」とかいうから捕ってはいけないような気になっているだけであり、国際捕鯨取締条約上すなわち国際約束上も、イルカ類は捕獲が可能である。しかし、日本も法治国家であるから、資源がたくさんいるものについては捕獲を許可し、資源が少ないものについては保護する政策をとっている。

国際捕鯨取締条約

国際捕鯨取締条約ができたのは一九四六年。日本が国際社会に復帰したのは一九五一年。この条約が成立した当時の日本は、まだ独立国家ではなかった。マッカーサー元帥が総責任者を務めたＧＨＱが日本を統治していた時代のことである。この条約をワシントンＤ．Ｃ．で作成する際、大型鯨類の十三種類を決定するときに日本の科学者は入れてもらってなかった。小型鯨類に分類されたツチクジラは日本の房総半島や伊豆大島の辺りを泳いでおり、外国の学者はこのクジラの存在に全然気がつかなかった。従って、ツチクジラは大型鯨類の十三種類の中には入れられなかった。よって、結果的に小型鯨類に位置づけられた。「小型鯨類」は、単に鯨類の中で「小型の」という意味の他に、国際捕鯨取締条約の対象ではないという意味なのである。ツチクジラが対象ではないことが良かったのかどうか……。現在、大型鯨類は全て、商業捕鯨目的では捕獲禁止である。あとで詳しくふれるとしよう。

国際捕鯨取締条約には、第五条で許可する商業捕鯨と第八条で捕獲が許可される調査捕鯨の二つに分類される捕鯨がある。商業捕鯨の再開の見通しが全く立たない現在、この条約に加盟している日本で唯一可能な捕鯨は調査捕鯨である。この捕鯨は、国際条約上正当な根拠に基づくものであって、日本はこの捕鯨を近年拡大し、充実し、南氷洋、北太平洋での科学的知見を多く蓄積している。そして、その副産物は鯨肉であり条約の規定に従い、海洋に投棄することなく有効利用を図っている。それは、マーケットで販売し、調達された資金を翌年の調査活動の実施に充当している。

しかし、このことに反発する勢力は、「この条約を直ちに変えろ」と主張しているのが現状である。オリンピックの日本の強い種目のようなものである。日本の選手が勝つとすぐにルールを変更する競技が多い。水泳、柔道、冬季オリンピックの競技など枚挙に暇がない。

捕鯨に反対する人々は、「クジラは絶滅の危機にある」と主張する。そして調査捕鯨も含めて、それを中止や廃止に追い込もうと躍起になっている。これについてはきちんと対応しなければならない。クジラであろうとゴキブリであろうと命の重みに違いはないのである。

ナガスクジラもたくさん生息している。最近南氷洋でナガスクジラの生息数が大幅に増加しており、我が国ではこのクジラを二〇〇五年からようやく捕獲調査対象とした。また、アイスランド沖に生息するこのナガスクジラは資源が非常に安定し、調査捕鯨の対象となった。二〇〇六年にはアイスランドは商業捕鯨を再開し、七頭を捕獲した。

問題は、ホッキョククジラである。このクジラは、主にアメリカのイヌイットたちが先住民生存捕鯨としてＩＷＣの許可のもとで捕っている。ホッキョククジラが、どうして問題かといえば、かつて、ホッキョククジラの減少は近世アメリカの帆船捕鯨船が捕りすぎたことも関係がある。しかも、今はイヌイットが捕っている。そもそもこの、デブッとしたクジラは捕られすぎの傾向になる。なぜなら、身体に肥えるための脂肪が蓄積しこれが防寒になるが、浮力が増し、彼らは動作が鈍く、死んでも水面に浮くので捕鯨の格好の標的となるからである。捕鯨の技術が未熟でも、比較的容易に捕獲されてしまうのだ。

クジラには様々な種類がおり、数もたくさんいて資源が健全な種類でさえも、一律に全種類のクジラの捕鯨を禁止するということは科学的に見て間違いであると声を大にして主張したい。筆者も「シロナガスクジラを商業捕鯨として捕ってはいけない」というのは正しい意見と認めるにやぶさかではない。しかし、だからといって、ミンククジラやニタリクジラ、ましてやマッコウクジラなどたくさん存在するクジラまで、クジラを絶滅から守るという標語の下で保護するべく、一律に全種のクジラの捕鯨を禁止するというのは間違いであると強く言いたい。

これらのクジラのうち、江戸時代の網取式捕鯨の対象となったクジラは、主として背美鯨、座頭鯨、児鯨であった。とりわけ、背美鯨と座頭鯨が多く捕獲された。背美鯨の母子連れに感謝する人々の歌が多く各地に残っている。「背美の子持ちは納屋照らす」と唄われた。この他にも小鰯鯨、長須鯨などが捕獲された。

宮本常一の生誕地から捕鯨をみる

宮本常一は山口県の周防大島町の出身である。この町からも下関に入出港する捕鯨船などに乗って、遠く南氷洋まで出掛けた人達が多かった。そして、これらの人々が持ち帰った鯨肉を食べた記憶を語る人々もいる。そこで山口県の中でのクジラのかかわりを見てみようと思う。

勿論、宮本常一の著作を見ると、捕鯨を行った地域も訪れているが、捕鯨やクジラを目的に定めて調査したという形跡は、窺うことはできない。それは考えてみれば当然である。彼は、訪れた地域社会を全体・総体として捉える心を常に持っていたのだ。農業、林業、漁業がそれぞれ独立して存在することはなく、それぞれが有機的かつ多様な絡まりを持って現れる。それを、それぞれマクロの目で捉えたのが宮本常一であったと考える。

宮本常一が捕鯨について最も調査・研究に力を入れたのは対馬であり、壱岐及び五島であった。これらの地域の捕鯨についての記述は、他に比類を見ないほど詳しい。しかし、日本の捕鯨地域と言われる熊野の太地や土佐の記述がほとんど見られない。彼が生まれ育った瀬戸内海地域についての記述も少ない。

このように少ない中で、山口県の日本海側の捕鯨についても、見島での一部の記述を除いては、あまり精力的な記述がない。それでも、瀬戸内海の人々や産業が日本捕鯨の発展への貢献が良く解る研究を行っており、この点は宮本常一の観察眼と分析力の確かさと思われる。

日本有数の鯨肉流通の中心地であった下関では、宮本はクジラの調査を行っていないと思われる。

下関市の吉母浜という弥生時代の遺跡から鯨骨製の骨角器、アワビオコシが見つかっている。

それから、綾羅木郷遺跡の出土遺物の中からもクジラの骨を利用した製品が出ている。アワビオコシというのはヘラ状の道具で、アワビとそれが吸いついた岩との間に入れてアワビを引きはがす道具で、実際にその遺物が確かに道具なのか、明らかにされているわけではない。便宜上、アワビオコシと命名されているだけではないかとも思える。本当にアワビをおこしたかもしれない。しかし、筆者が推察するに、あのようなものでアワビをおこそうとしたら、ぽきっと折れてしまうのではないかと思うのだが。

赤間神社の宝物殿所蔵の絵図には、一一八五年（寿永四年）の源平合戦のときに、平家方と源氏方の船があって、イルカがどちら側に泳ぐのか、泳いでいった先のほうが負けであるという。そうしたら、イルカは平家の軍船の下を通り抜けたので、平家が負けたと描いている。

さらに時代が下って、一七一一年（正徳元年）、朝鮮の通信使使節団が上関や、広島の下蒲刈島の三ノ瀬に停泊している。下蒲刈島の三之瀬では、広島藩からクジラ料理を出されたという記録がある。朝鮮通信使一行の伴船として走航速度の速い鯨船が使用されている。

宮本は、風待ち港や朝鮮通信使、参勤交代の寄港地に住居した遊女達にも深い愛情を注いだように見える。大崎下島の御手洗《みたらい》には、若胡子屋《わかえびすや》という瀬戸内海随一の遊女屋があり、多いときで九十名の遊女が働いていた。若胡子屋は、倉橋島の東側の端の鹿老渡《かろうと》にも支店を持っていた。遊女達は、これらの港町でとても大事にされた。墓も地域の人々と一緒、神社仏閣への寄進も公平に平等にあつかわれた。これら遊女達のお蔭で、御手洗、鮴崎《めばるざき》、木ノ江などの風待ち港が繁栄した。建物も町でも目立つ高層のものであった。船乗りは航海中には家族から離れて、身の回りの世話も自分でしなければならない。寄港地では、そのような気遣いをする遊女が、船乗りから重用された。最近まで、遠洋マグロはえなわ漁船など日本漁船が外地寄港する際には、漁船員達は同様に身の回りの世話をする女性を求めていた。

それから山口県の日本海側の北浦捕鯨（通の「通組」、仙崎の「瀬戸崎鯨組」、油谷町川尻の「川尻鯨組」、これら三カ所他の鯨組を総称して「北浦捕鯨」ともいう）だが、これらの地方で捕ったクジラを一次的に下関に集めて関西などに出荷したのではないか。生月からも下関を経由して関西方面に出荷したという。長州捕鯨（北浦捕鯨と同義）が始まった元亀年間から幕末にかけて下関において北前船などを経由して、鯨油、鯨骨、鯨肉が盛んに取引された。問屋口銭定などにも鯨油の取引の記載が残っている（一七三九年〔元文四年〕）。

一八二六年（文政九年）、シーボルトは、下関滞在中に、長崎の平戸藩領内、平戸の島の隣りの奥にある生月島の益冨家という日本で最大の規模を誇った鯨組の当主の健康診断をしてクジラに関する情報を得ている。ちなみにシーボルトは、クジラはあまりおいしくなかったと記録している。

近代になると、クジラの歴史といえば、長門、下関中心の歴史といって過言ではなくなる。一八九九年（明治三二年）、今の日本水産の前身である日本遠洋漁業株式会社が設立。長門・仙崎に本社を置いて拡大していくのである。出張所を下関に置く。その後、東洋漁業、東洋捕鯨と企業再編・合併を繰り返し、トロール漁業を主体とする共同漁業株式会社と合併し、そして日産コンツェルンの資本の参加を得て、後の日本水産として発展していく。しかし、拠点は戸畑が日本水産の誘致に必要な港湾の整備などを積極的に進めたことで、下関市から日産コンツェルンの企業城下町である戸畑市に移ってしまう。

マルハの前身の大洋漁業は、一九一三年（大正二年）、中部幾次郎が下関の竹崎町六六番地に林兼商店の本店を設立する。朝鮮半島沖にも出漁して漁獲物を日本に搬入した。そうすると、下関に本店を置いたほうが、明石より便利だった。そして、一九三六年（昭和一一年）に大洋捕鯨へと発展するのである。この二年前、一九三四年（昭和九年）には日本捕鯨（後の日本水

戸畑の日本水産（株）　『日本水産50年史』より

東洋捕鯨（株）下関支店（明治末期）
『日本水産50年史』より

産）が南氷洋に出漁している。大洋漁業のほうは、下関の三菱造船で二隻のキャッチャーボートを建造し、日本捕鯨に遅れること二年、南氷洋に出て、翌年には捕鯨船八隻が下関港に帰港している。

　戦後、日本における最初の南氷洋出漁は、一九四六年（昭和二十一年）、日本水産と大洋漁業の二船団が行った。南氷洋捕鯨出漁は、下関は基地ではなくて、大体神戸が中心となり、その一方、下関は戸畑と並んで鯨肉の陸揚げ地であり、加工地であり、中国地方と北九州の筑豊地方の田川、直方及び飯塚などの炭坑などの消費地に鯨肉を流通する拠点になった。昭和五〇年頃ま

シロナガスクジラの骨格標本

でこれらの傾向が続く。

ＩＷＣの下関の会合が開かれる四年前に、当時、江島潔市長が南氷洋の捕鯨船団の出港地を下関にしてほしいとの要請があり、南氷洋調査捕鯨船団の出港地となった。

下関には、二〇〇一年（平成一三年）開館した市立しものせき水族館・海響館がある。ここには、わが国唯一のシロナガスの骨格標本（骨格全長二十三メートル、生体全長は推定で二十六メートル、一八八六年に北西大西洋で捕獲された個体）をノルウェーから借用して展示されている。（この展示室は小松・ワローホールと命名された。「小松」とは当時水産庁の参事官をしていた筆者であり、ワローはノルウェー・学術会議の会長を務めるラース・ワロー博士のことである。両名がノルウェーから骨格標本を借りるに際して功績があったというので、江島潔下関市長がホールの名前に冠された。これまで日本の捕鯨会社は、南氷洋からシロナガスクジラの骨は全然持ち帰らなかった。ところが、ノルウェーのベルゲン大学博物館、ロンドンの大英博物館やワシントンのスミソニアン博物館などに行くと、シロナガスクジラの骨格標本がある。外国の商業捕鯨活動の立派なところは、商売だけではなくて、科学的、学術的な貢献をもしていることである。かなしいかな、これが日本人と外国人の違うところといわなくてはならない。

長門市「通《かよい》」

「通」という名は以前から良く聞いていたが、江戸時代に捕鯨が行われたことも知らなかったし、そこについて全く考えたこともなかった。

青海島という山口県長門市の離島にあって、その対岸の本土側の漁村から漁師が漁業をするために通って来るよりも棲みついた方が便利だということで、対岸の島の一つの浦に住みついてしまったことから、その浦に「通」という名をつけたのであった。「通」は、青海島と対岸の岸とで大きな網代を形成した。日本海の北東に口を開けた湾を形成した。そこに冬に南下する鯨が良く泳ぎ込んで来たのである。

宮本常一は、通にも西の隣にある捕鯨が江戸時代に同じように行われた川尻にも行っていないと思われる。萩の沖に浮かぶ見島は何度か訪れている。見島でも捕鯨が小規模に行われたとの記述があるが、見島についての圧巻は、宮本によれば、島中が借金のために津和野の豪商に借金のかたに売り払われたことであった。当時は、現代から想像もつかないことが行われていた『日本の離島の旅』。

山口県の日本海で行われた捕鯨をこの地方では北浦捕鯨という。この北浦捕鯨についてみてみたいと思う。

「通」には、くじら資料館（二十八頁）があり、それから、鯨組の統領を務めた早川家の住宅（三十九頁）が未だに住居として残っている。三〇頁の写真はは清月庵の国指定史跡くじら墓というのは、江戸時代以前、戦国期の毛利の時代に始まったといわれている。通浦（青海島）には「当藩鯨漁の儀　往古は縄網を以って建切り　突衝き候へども　兎角網をやぶり逃げ出し

くじら資料館

候　延宝三年（一六七二年）」との記録が残ることから、紀州より五年早く網取り式の鯨組が組織されたか、同じ頃に操業を開始したと推測できる（長門は建切り網なので紀州の網取式とは技法が異なる）。「通」のくじら資料館には、それ以降の当地において人々に使用された、銛とか、剣、解剖刀など、捕鯨にかかわる道具や資料が展示・収蔵されている。

早川家は、一六七七年頃に通で鯨組を組織し、青海島にあって天然網代である紫津浦湾を中心に操業する。早川家など三家が集まって、当時、「クジラはお金になる」と目を付け藩財政の一つの柱にしようとしていた毛利藩に、捕鯨を行っても良いか否かとお伺いを立てている。その

早川家住宅

うちの網頭である早川清兵衛家が、現在まで続いており、今の当主は早川義勝氏である。

早川家の住居は国の重要文化財であり、義勝氏がまだ住んでいる。白壁で囲まれた、二階建立ての住居で、柱やはりなど、江戸時代の古いが黒光りするおごそかな造りである。

次頁の写真は、向岸寺清月庵のくじら墓である。紫津浦湾に追い込んだクジラは、孕《はら》みクジラが多く、解体してみると中に胎児が入っていた。その事実に対して、捕殺した人々は憐憫の情や罪悪感のあまり、このくじら墓を建てたといわれている。墓は死んだ仔クジラ達の故郷ともいえる海が見えるように、紫津浦湾の方角に向けて建てられ、造立は一六九二年（元禄五年）、

清月庵　くじら墓

墓標は二・四メートル、七十二体の胎児を埋納してあると伝えられている。墓誌には、「業盡有情雖放不生　故宿人天同證仏果」子供を放すといえども、どうせ生きられないので、天国に行ったらどうぞ成仏してくださいという意味の文言がここに書かれてある。また、向岸寺住職讃誉上人は一六七九年（延宝七年）清月庵に観音堂を建立し、クジラの回向を行っている。現在でも同寺には「鯨位牌」や江戸時代から捕った二五〇頭のクジラの戒名が記された三冊の「鯨過去帳」なども残されていて、墓、位牌、過去帳を三位一体にした法要が営まれている。

「通」のくじら墓に相当する供養墓は、筆者は日本国中探してみたが、その規模と実態が伴ったものは、日本全国どこにも見当らない。クジラ塚とか、クジラの碑とか、クジラの供養塔はあっても、鯨の死に対して憐憫と感謝の気持を深甚に表した鯨墓はみあたらない。

ほかにクジラ墓としては、宇和島藩領内の佐田岬から少し南のほうの明浜町高山の金剛寺というところに、墓が一つある。宇和島の藩主は伊達家。筆者の生まれ故郷、仙台藩の親類筋にあたるものであるが、一八三八年（天保八年）に大きなクジラが捕れ、時の藩主、伊達宗紀が「鱗王院殿法界全果大居士」との戒名（殿様級の高貴な戒名）を与えている。この塔は、通のそれが七十二頭を埋葬しているのに対し、一頭を供養している事実が大きく異なる。非常に変わった供養ではあるが、その土地独自のあり方でクジラに対する敬意を示しているといってよい。

愛媛・伊予地方の宇和海に面した地域は、リアス式海岸が多く、古くは迷入するクジラが多く、クジラの供養塔が至る所に見られた。一方、土地は山が海まで迫り、急峻で畑地にもなかなか恵まれず、急勾配の山肌を段々畑として開墾した。「耕して天に至る」畑であった。その海のタイ、ハマチの養殖業も衰退し、段々畑も捨てられて、耕す者もいなくなり、畑は荒れるか壊されている。海からも天然の魚がいなくなって、漁師も減った。愛南町の城辺に行った折りにも市町村合併して役場などの数が減り、雇用の現場が減り、何も良いことがないと人々が話していた。

また、愛媛大学医学部の檜山先生は、愛媛県の農漁村地域の医療の現場は患者の高齢化と農林業の衰退で経営も成り立たない。医療の再生も農林漁業の再生と一体で総合的に行う必要があると話しておられた。

日本の水産業は元気を取り戻す必要がある。そのためには海にサカナを戻すことが原点である。それは資源回復させることである。また、、海をきれいにし、国民などの消費水準や環境の収容力に合った養殖生産を心がけることである。養殖規模を適正化し、無駄な生産や海洋汚染をひきおこさないようにすることである。しかし、過去や現在の豊予海峡や宇和海の漁業や養殖業は、そうなっているとは言い難い。

大分県側の漁業も同じような問題をかかえている。今こそ将来ビジョンをまず構築して天然有限資源とのつき合い方を乱獲から、資源の保護と、海洋との共存へと変える時である。

捕鯨の原風景

三四頁の図はクジラを捕っている風景である。クジラの周囲にある船はは全部クジラ船である。捕鯨の様子である。「防長風土注進案」という絵にそっくりの、仙崎の八坂神社の捕鯨絵図なのであるが、注意してよく見ると、船には女性が乗っていたり、裸踊りをしている人がいる。それからお神酒をいただいていると思われる人すらみかけることができる。クジラを殺すために命をかけて格闘して、多分、多くの死傷者も出たことであろう。こういった死闘のシーンを周りから見ていて、これを一つの余興にしているのである。

宮本常一は、『私の日本地図』・対馬壱岐で、伊奈浦の近く茂江浦にクジラが捕獲され、陸揚げされたものを見た。伊奈などから若い娘が着飾って鯨見物に行ったものだというくだりがある。クジラが捕れることは、「晴れ」の出来事であったのである。一方、お役人は、娘達が他所からやってきた鯨組の従業員と交わることは、風紀が乱れるとして、これを禁止している。

かつて、筆者がニュージーランドに行ったとき、土地の女性からこういう話を聞いたことが

仙崎・八坂神社の「捕鯨図」

ある。「ニュージーランドでもオーストラリアでも、最近の若い男ときたら、日頃やっていることが誠に嘆かわしい。一所懸命にラグビーかサッカーをやっている。あんなもので大切なエネルギーを発散している。そして、どこの国に勝ったとか負けたとかを熱心に語り、話題にして騒いでいる。昔の若人たちは、地域社会だとか家族へ、クジラの肉をたくさん持ってくるために大きな鯨と死に物狂いの格闘をしていた。今はボール蹴りだ、

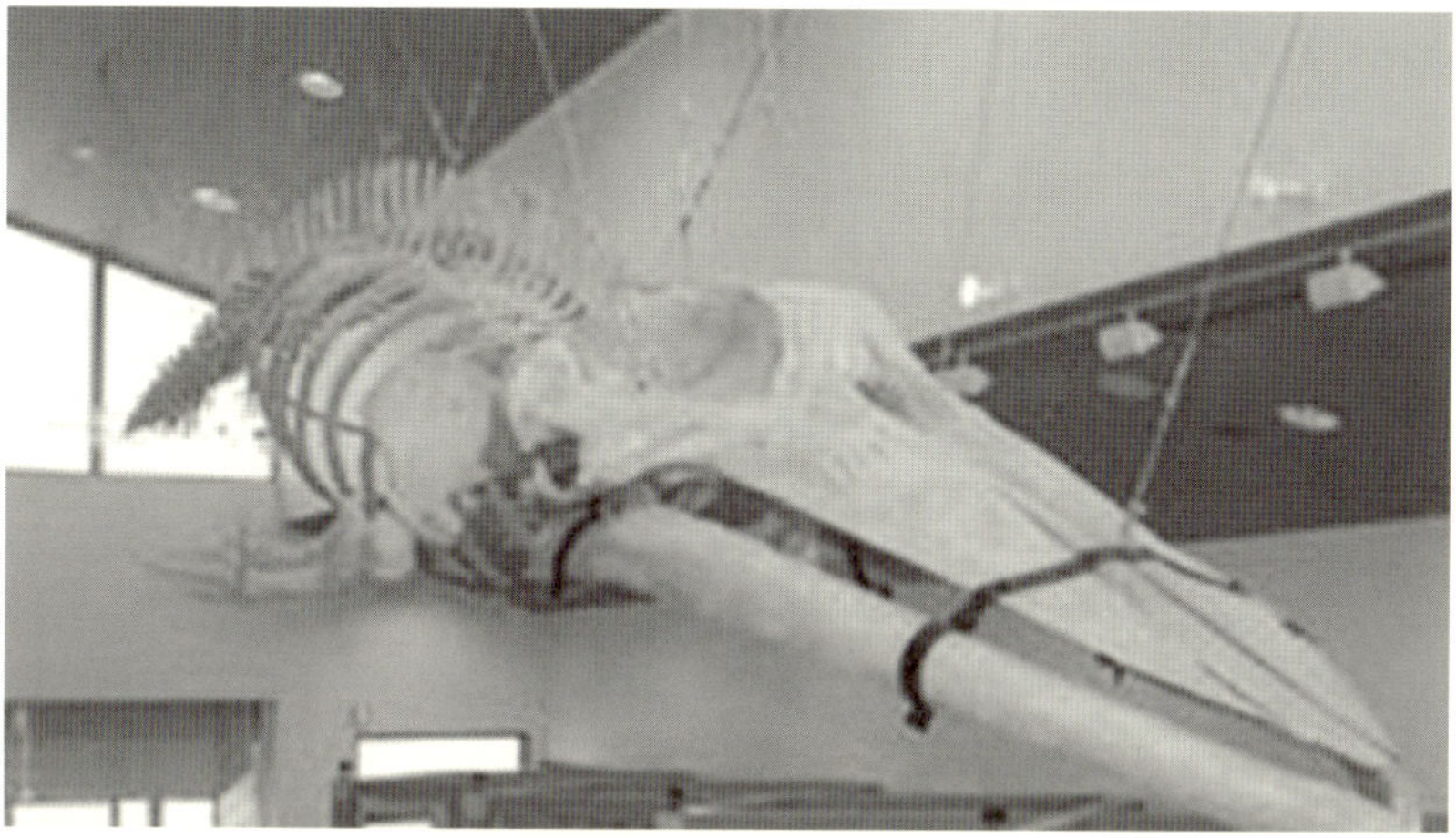

ツノシマクジラ（つのしま自然館蔵）

いいかげんにしろ」、と怒っていた。サッカーのワールドカップといえば、世界でも日本でも異常なほどに騒がれているが、考えてみれば、人間のエネルギーの使い方の原点は、古来、食料を持ってくることとか、家族、一族の生活を支えることを考えることにあったと思えるのである。

話は下関市に合併された角島《つのしま》に跳ぶ、三五頁は一九九八年に山口県角島沖で貨物船と衝突したクジラの骨格標本である。それこそ激突だったといわれる。陸に引き上げられたそのクジラは、体長一一メートルほどのヒゲクジラ類で、鯨種までは特定できなかった。当初は、ナガスクジラともみられたがその後の研究でソロモン海域において調査捕鯨時に捕獲された未知のクジラと同種でナガスクジラ科の新種であることが判明し、二〇〇三年（平成一五年）に新種として登録され、ツノシマクジラと命名された。それまで鯨類は全部で八十六種類（一〇頁参照）、これを入れると八十七種類となった。日本の学者が見つけたクジラである。イワシクジラとニタリクジラの中間にあるクジラということになる。最初、筆者はこのクジラを見せてもらったとき、新種であると、にわかには信じられなかった。筆者にこの鯨のことを最初に教えた角島の関係者に「大型鯨類については、既に新種の発見は尽くされており、新種なんかいるわけないじゃないか」と言った。かつて日本の研究者がソロモン海域で見つけてきたクジラとそっくりであったとのこと。ソロモン海域で見つかったクジラの時も、ニタリクジラでもなく、イワシクジラでもなく、何かおかしい、おかしいと言っていたのではあるが……。現在、骨格標本は、「つのしま自然館」に展示してある。

話を下関における捕鯨の展開に戻す。

現在の日本水産やマルハといった企業が既存の捕鯨会社やトロール会社を吸収したり合併したりしてしだいに大きくなり、他産業などからの資本の投入を得て、母船式のスタイルでの船団を形成し、南氷洋に進出していったことは既に述べた。日本の近代遠洋捕鯨は、山口県にゆ

岡十郎（『関門鯨産業文化史』より）

下関市・日和山公園内、岡十郎・山田桃作顕彰碑

山田桃作（『関門鯨産業文化史』より）

かりがあるものが中心になって大きくしていった。

三七頁の写真は、下関市の日和山公園内にある岡十郎と山田桃作の顕彰碑である。彼らは親類関係にあり、二人で日本水産の前身である日本遠洋漁業株式会社を設立するといった偉大な仕事をした。

一八九九年（明治三二年）、現在の山口県

志野徳助（中央）と中部幾次郎（中央右）
昭和11年10月7日の南氷洋出漁日。（『大洋漁業80年史』より）

長門市仙崎に本社を置き、第一長周丸という近代的捕鯨船を、石川島造船所にて新造して事業を開始した。

トロール事業を主体として下関で操業していた日本水産株式会社は事業が拡大すると下関が手狭になり、戸畑市が港湾を整備することに合わせて、移転の要請があり、日本水産株式会社は拠点を戸畑に移している。そして日本水産株式会社は、日産コンツェルンの傘下に入る。

一九三六年（昭和十一年）に

大洋捕鯨が南氷洋に初めて出漁したときはマルハ・大洋漁業の創業者である中部幾次郎が社長であった。スーツ姿が、志野徳助、彼は宮城県の生まれで、宮城県鮎川の沿岸捕鯨の立ち上げに貢献し、技術面を担っていた。ところが、一九三六年（昭和十一年）船団長として南氷洋に出漁したものの、オーストラリアのフリーマントルに入ったときに、急死してしまう。そこで

林兼商店（大洋漁業の前身）社屋（大正時代）（『下関市史写真集』より）

旧大洋漁業下関支社（昭和30年代）（『大洋漁業80年史』より）

中部幾次郎の息子が船団長となったのである。しかしながら、事実上の総指揮は、中部幾次郎社長が下関に居ながらにして取ったのである。中部幾次郎が南氷洋の操業状況を毎日報告させて、漁場について、下関から全部指令し、初めてだった南氷洋における捕鯨の操業は、うまくいった。

前頁の写真上は大正時代における創業期の林兼商店である。下は昭和になってからの旧大洋漁業本社である。

伝統捕鯨地域から南氷洋へ

日本の伝統捕鯨地域として、太地・室戸・五島・壱岐・対馬及び長州の北浦などが有名である。太地から室戸、西海（長崎・佐賀方面）や彼杵に捕鯨技術が伝達する。さらに西海の捕鯨がずっと長門の方まで東方に拡大していく。捕鯨は太地から発祥し、それが全国各地に伝播したといわれている。しかし、クジラは日本の各地の沿岸に泳ぎ寄せたものであり、突いて捕ったり、寄り鯨を漁獲するものは、全国的にどこからでも発生し、その時期にそれほど大きな差があるとも思えない。ただし、本格的にまとまった頭数を捕獲し、産業として成立させようとすれば資本を要し、網、船、銛などの扱いの技術的裏付けを要する。また、漁獲した鯨の加工品である鯨肉や鯨油などの販売先が必要となる規模の大きい網取り式の捕鯨となると、技術の伝播があったと考えられる。それを支えている鯨船乗組員、網頭、網大工、船大工などの集団を構成するものは、ほとんど、漁業先進地であって各種漁業に従事していた瀬戸内海の人たちなのである。そのことを類推できる漁業技術の伝播のようすや歴史を宮本常一が調査分析している。クジラや捕鯨業だけをピックアップすると、その分析が少ないので分かりにくいが、宮本常一はイワシ巻網漁のある大阪泉佐野の巻網漁業者がどのようにして対馬などの西海に漁場を求めて展開したかについて述べている。イワシを巻網漁業で漁獲をしたことを見た漁民達が、この漁法で鯨も獲ろうとしたことは容易に想像できる、それを筆者も宮本の研究に沿ってたどっていった。こういった漁業における技術と経験の蓄積が、最終的には他産業からの資本の投入と相まって日本の南氷洋捕鯨につながっていくのである。

戦前に我が国は、国際捕鯨取締協定（戦前の捕鯨条約）の非加盟国として、一九三四年（昭和九年）から南氷洋で操業した。この戦前の操業がなければ、戦後の捕鯨再開もなく遠洋漁業

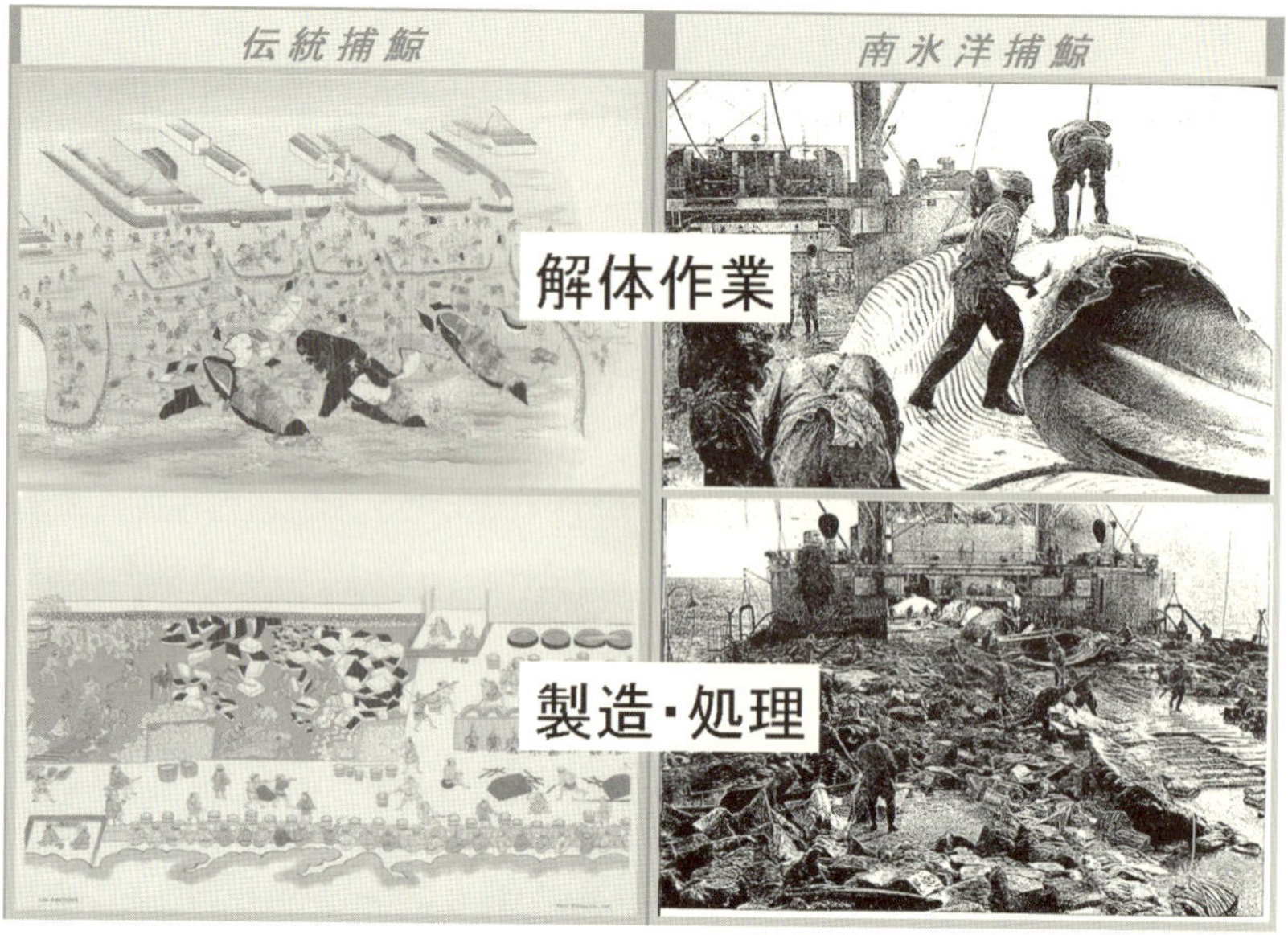

伝統捕鯨を受け継いだ日本の南氷洋捕鯨　資料：（財）日本鯨類研究所

に出漁する体制をつくり上げることもなかったろう。そして今日の日本水産、キョクヨー及びマルハ・ニチロも存在しなかったろう。

図の右側の写真が現代の南氷洋における捕鯨の解体作業と製造・処理の様子である。左側の絵が、五島にある柏浦のクジラの解体風景で、下が納屋場の様子である。肉を細切れにする作業に携わった人夫たちは、骨切り歌を歌いながら加工したと思われる。多分、左側の日本の伝統捕鯨の美しい作業風景の絵がなくて、右側の南氷洋のグロテスクな写真だけを外国人に見せたら、

清月庵　くじら墓
資料：名護屋城博物館

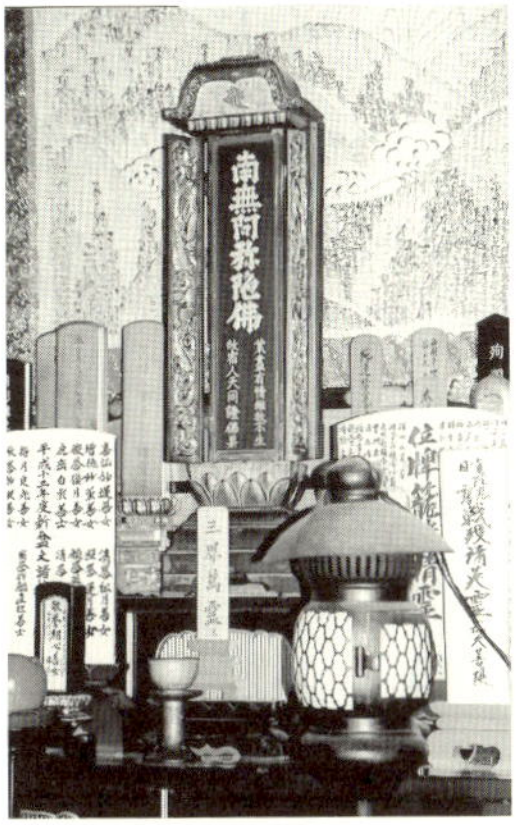

山口県長門市通／向岸寺

小川島の鯨法要

日本人というのはなんて残酷なことをしているだろうと思われるであろう。一つしかない命を奪って殺した「生物」については、感謝をこめ、全部解体して一〇〇パーセント余さず利用する、日本の南氷洋捕鯨は、四〇〇年に渡る日本の沿岸での伝統と歴史に基づいている。「生き物」に感謝し、全てを利用することを、世界と日本にアピールしていく必要があると、せつに思う。

写真は、左から「通」の国指定史跡、くじら墓、クジラの位牌、クジラの戒名が書いてある巻物である過去帳。右の絵は佐賀県唐津市小川島の江戸時代のクジラ法要を描いた回向の様子である。クジラに感謝しながら手厚く弔っているところである。日本人はクジラを殺すことに罪悪感を感じ、そして鯨体の与える命に対して感謝の気持を有したのである。鯨食は、我が国には縄文時代からあったものと推定される。縄文人の食べた貝殻などと共に鯨骨が発見されている。また江戸時代にはクジラの料理本が残された。長崎県生月島の鯨組が編纂した『鯨肉調味方』と呼ばれる。

食という観点から、クジラを加工した食品、料理法、食材としての鯨肉の部位には、どのようなものがあるのかを簡単に紹介する。図はイワシクジラとミンククジラの「赤肉」、「尾の身」、「本皮」を紹介してある。「尾の身」は、文字通り、クジラの尾っぽの付け根の部位で、よく運動するところの身である。運動するものだから、和牛の霜降りみたいに脂がたくさん入り、美味なのである。「本皮」は、表面の黒皮と下の脂肪層のことをいう。イワシクジラは、実物は分厚く、一五センチ程度で、ニタリクジラは十センチ程度。一方、ミンククジラのほうは、せいぜい七センチぐらいである。本皮は、脂肪層であり、この部分には旨味がつまっており、コクのある出汁も取れた。これを日本各地の鯨汁では大いに活用して、野菜や穀類などと煮込むことが多い。赤肉は、本皮や尾の身に比べ脂肪分が少なく旨味にかけるが、蛋白質に富む健康食である。ミンククジラの「赤肉」は赤黒い。鉄分をたくさん含んでいるためである。貧血気味の方にとってミンククジラの「赤肉」は、とても有効な食品である。

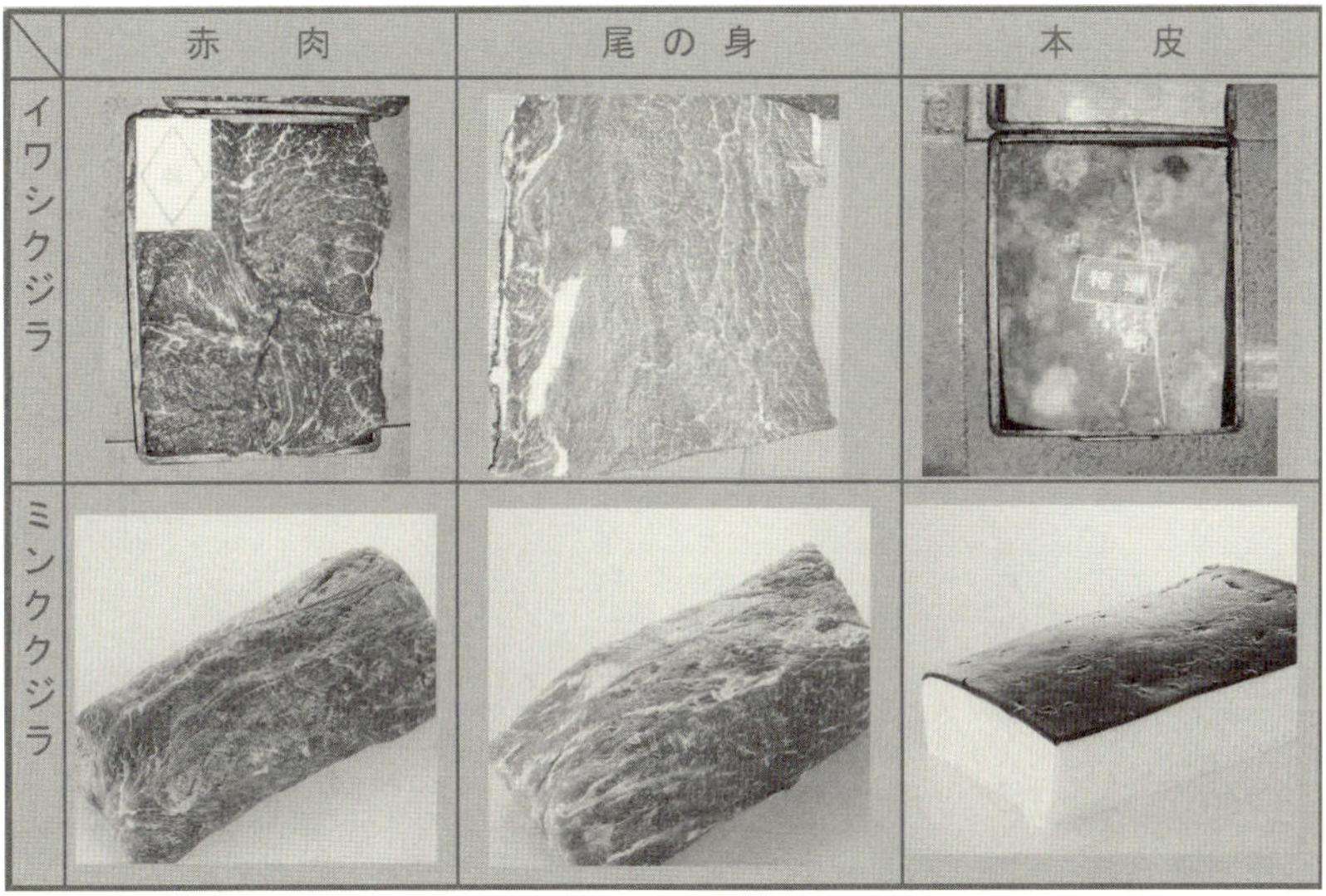

クジラ製品のいろいろ　資料；日本鯨類研究所

ニタリクジラの赤肉は少しきめが荒く、固めである。イワシクジラの赤肉はピンク色がかかり、見た目も美しく、味もあっさりしている。

四六頁の和綴じ製本された古文書は、長崎の平戸藩の生月島、平戸の島の隣りの奥にある島の鯨組であって、江戸時代には長者番付で日本の富者の十本指に入った益冨組が作成したものである。シーボルトがここの当主の健康状態を診察したということは前にも触れたが、この益冨組がまとめた「鯨調理本」で、クジラの部位の七〇箇所をあげ、そのうち可食部分六八箇所の処理・加工の仕方、食べ

鯨肉調味方（勇魚文庫所蔵）

方を丁寧に解説してある。記載は「黒皮」から始まっており、「黒皮鯨の皮なり。表は黒漆のごとくにて（中略）黒皮に白皮厚さ七八分付けて広くへぎたるを黒皮という。背美鯨の皮、味最も佳し」との記述がある。

他にも調理法、このようにして食べなさいといった記述もみられる。なかでも面白いのが、雄のクジラのペニスを乾燥させて削って、病を得た女性に味噌汁に煮て飲ませなさいと書いてあるのである。それから、雌のクジラの陰門は、同様にして病を得た男に飲ませなさいとも書いてある。本当に書いてあるのである。要するに、「余すところない＝日本の食文化」といってよいと思う。アメリカのイヌイットによるクジラの利用の場合には、皮すなわち「マクタック」と呼ばれる脂皮の部分を食するが、大半の肉の部分は犬ゾリの犬用のエサになったと言われ、米帆船捕鯨船では脂皮から鯨油を採った残りの鯨肉と骨は海洋投棄していたのである。ケニアのマータイ女史の言う何とも、「モッタイナイ」とはこのことである。

次に日本各地のクジラの郷土料理である。筆者は周防大島にもクジラの郷土料理があるのではないかと思って島をあちこち探してみたのであるが、確認することはできなかった。記録にものこされていない。土地の人々からは、鯨肉を食べた話は聞いたことがあり、刺身とか、竜田揚げとか、一般的な食べ方をしたと思われる。図は長崎県平戸市、生月島のクジラの煎り焼きである。和歌山の太地には、いろんなクジラ料理のバリエーションがある。それから長門の南蛮煮、長門市の油谷にもクジラ汁がある。もっとも、クジラ汁は日本各地のどこにでもあるほどポピュラーな料理といって過言ではない。函館や松前地方のクジラ汁もダイコンや山菜が入り、正月に食べるものである。クジラはどこから入手したのであろうかと長年不思議に思っていたが、ある時フト、北前船で、運ばれたと考えたら合点が行った。九州から、他の産品と共に鯨皮を塩漬けにしたものを、北海道まで運んできたと考えられる。石川県の能都町宇出津も、南下するクジラが能登半島にぶつかって、定置網に入りよく捕れたところであるが、ここの料理は「イデモン」と呼ばれている。それから宮城県の牡鹿町には、ヒジキとクジラの小腸

日本各地の郷土のクジラ料理　　資料；（財）日本鯨類研究所（撮影　渡辺秀一）

「鯨の煎り焼き」長崎県生月町

「ごまあえ」和歌山県太地町

「南蛮煮」山口県長門市

「田舎風ヒジキ煮」宮城県牡鹿町

「イデモン」石川県能都町（現・能登町）

「鯨串ロール」北海道網走市

をあえた料理がある。北海道の網走には、現代の創作料理である「鯨串ロール」があった。若い人には大変人気を博している。

これまであげてきた料理の数々は、実際に筆者が見、食べたものである。最近では、長門のソフトジャーキー、高知のすき焼き、下関のカツレツなど様々なクジラを利用する料理におめにかかれる。それから、長崎の旧有川町、現在の新上五島町には、トビウオ（地元ではアゴという）のだしにクジラの顎肉を入れてクジラ汁にしている。これの煮立った汁につばき油が入ったうどんを入れて食べた。「地獄だき」と呼ばれるこの料理は私が食べたものの中でも格段に美味しい。

今度は現在日本における鯨専門料理店の料理をみてみよう。まずは大阪の徳家。ここの「ハリハリうどん」は水菜とクジラを小麦粉でまぶして焙めたものを一緒に煮炊きすると、出汁と鯨肉と水菜が味も色も舌ざわりも調和する。大西女将によれば、本当はナガスクジラでつくったハリハリ鍋が一番おいしいとか。九二年に最初に筆者が徳家を訪れた頃にはナガスクジラが食べられた。下関市豊前田の下関くじら館にいくと、クジラのおでんとか、たたきがある。二〇〇二年に下関で開催された国際捕鯨委員会総会のために、英語の案内板をつくった。筆者も

専門店の料理	
徳家（大阪）	ハリハリうどん
勇新（浅草）	イワシ鯨のうねす丼
	イワシ鯨のデミカツ丼
ふくの関（下関）	鯨のユッケ丼
宮乃華（下関）	くじら飯
長州くじら亭（下関）	くじらスモークハム
下関くじら館（下関）	鯨のおでん
	鯨のたたき
鯨料理店ゆう（熊本）	さらし鯨・人文字のぐるぐる添え
	すじの煮込み

鯨料理　今昔物語	
江戸時代の鯨料理を再現 監修: 奥村彪生 (伝承料理研究家)	鯨みそカツ
	鯨の粗むしろ巻き
	鯨ステーキ・トマトソース

下関伝統捕鯨地域サミットに出品された鯨料理専門店の料理

地域の鯨料理	
北海道網走市	鯨串ロールパン
北海道釧路市	鯨肉のたたき
北海道函館市	鯨の竜田揚げ
宮城県石巻市	マッコウクジラの天日干し
石川県能登町	鯨のローストビーフ風
千葉県和田町	たれ（生干）
千葉県鋸南町	たれ（堅干）
和歌山県太地町学校給食メニュー	鯨ハンバーグ
	竜田揚げ
	酢豚風くじら
高知県室戸市	鯨肉のすき焼き風煮込み
山口県長門市	鯨の薫製 ソフトジャーキー風
	鯨のぷるんぷるん
山口県下関市	鯨のパートブリック包み焼き
	・「日新」再現料理 カツレツ、照焼、タンシチュー、本皮粕煮、さえずり・百尋・胃袋盛り合わせ
長崎県新上五島町	クジラ汁
長崎県生月町	塩鯨の湯引き

下関伝統捕鯨地域サミット前夜祭に出品された各地のくじら料理
資料：（財）日本鯨類研究所

その作成のお手伝いをした。同じく下関にある、長州くじら亭も、スモークハム、刺し身なども またおいしい。それから、前述の『鯨肉調味方』をもとに、江戸時代の末期の料理を再現させて現代風に少しアレンジした料理、これらは伝承料理研究家の奥村彪生氏に依頼して調理いただいた。奥村氏は膨大な本を上梓しており、伝承料理研究に関しては、第一人者である。みそカツ、鯨の粗むしろ巻き、鯨ステーキトマトソース和えなどを二〇〇五年に開催された第四回下関伝統捕鯨地域サミットの前夜祭に出すための料理としてつくっていただいた。なかなか好評であった。

ミンククジラの赤肉のタンパク質含有量は二四・一%、牛肉、豚肉そして鶏肉より高い(『五訂日本食品標準成分表』)科学技術庁編)。鉄分も豊富に含まれている。人間の体に酸素を運搬する役割を担う大切な栄養素である鉄が可食部一〇〇g当たり二・五mgも含まれる。さらにクジラ肉の不飽和脂肪酸のうち、エイコサペンタエン酸(EPA)は血液の凝固を抑制し、血管系の病気を予防する効果があると同時に、発癌を予防する効果があると認められる。ドコサヘキサエン酸(DHA)は脳の働きを活発にし、学習能力を上げる効果がある。

またクジラ肉に多く含まれる「バレニン」にも注目が集まっている。これはアラニンとヒス

	脂質 (g)	エネルギー (kcal)	タンパク質 (g)	コレステロール (mg)	ビタミンA (μg)	ビタミンB (μg)
鯨肉	0.4	106	24.1	38	7	0.06
牛肉	25.8	317	17.1	72	2	0.07
豚肉	5.6	150	227	61	4	0.80
鶏肉	4.8	138	22.0	77	17	0.10

鯨肉の栄養成分（『五訂日本食品標準成分表』科学技術庁資源調査会より）

チジンの二つのアミノ酸が統合した、マグロやカツオに多いアンセリンや鶏肉に多いカルノシンと同様のイミダゾール化合物ジペプチドである。

「バレニン」は、持久力の向上や疲労の回復、生活習慣病などの予防に効果があるとされている。世界で最も汚染の少ない南氷洋で育つミンククジラは、ＰＣＢや水銀の蓄積がほとんどない。（厚生労働省、平成一五年一月一六日発表）従って現在日本で流通している南氷洋のひげくじら肉（ミンククジラ）はアレルギー対策としても効果が高くミンククジラ肉は、医療用として財団法人日本鯨類研究所が低価格で販売している。

クジラの食べ物と調査捕鯨

クジラは私たちの世代が利用しながら次代に伝えられる資源である。周囲を海に囲まれた日本人にとってクジラやサカナなど海の恵みを食べることは自然の摂理に合っている。

今度はちょっと趣向を変えて、クジラの視点に立った食べ物をみてみよう。

ミンククジラは大型鯨種の中で二番目に小さい。日本近海に、豊富に生息するのであるが、北太平洋で行われている調査捕鯨でこのクジラがどんなものを食べているのか調査している。一般にクジラはオキアミだけ食べて生活していると思われている人が多い。オキアミが、胃の内容物として多く見られることは事実である。ところが、実際に捕獲したミンククジラの胃の内容物を見ると、カタクチイワシ、サンマ、スケトウダラやスルメイカなどの魚類を確認することができた。これらのサカナたちを大量に食べていた（一日当りの餌食量は二〇〇から三〇〇キロと推定される）。本来、漁業に携わる漁師が捕るべきサカナの減少にも影響があろう。

勿論、漁獲量の減少は、クジラによる捕食だけが原因ではなく、漁師による乱獲、埋め立て

北太平洋での鯨類捕獲調査で分かったクジラの補食生態　ミンククジラ
資料：（財）日本鯨類研究所

による産卵場・生息場の喪失など、その他多くの原因があげられる。しかし、一日あたりクジラ一頭が大量に食べていたら、しかも、世界中に百万頭近く生息すると推定されるミンククジラである。クジラもサカナ資源の悪化の原因の一端を負っている。

次のグラフを見ると、日本の漁業生産量は、二〇年ぐらい前までは、二倍あった。それが、遠洋漁業の縮小と撤退、そして沖合漁業が漁獲する漁業資源の悪化に加えて、沿岸漁業では優良漁場である沿岸域の干潟

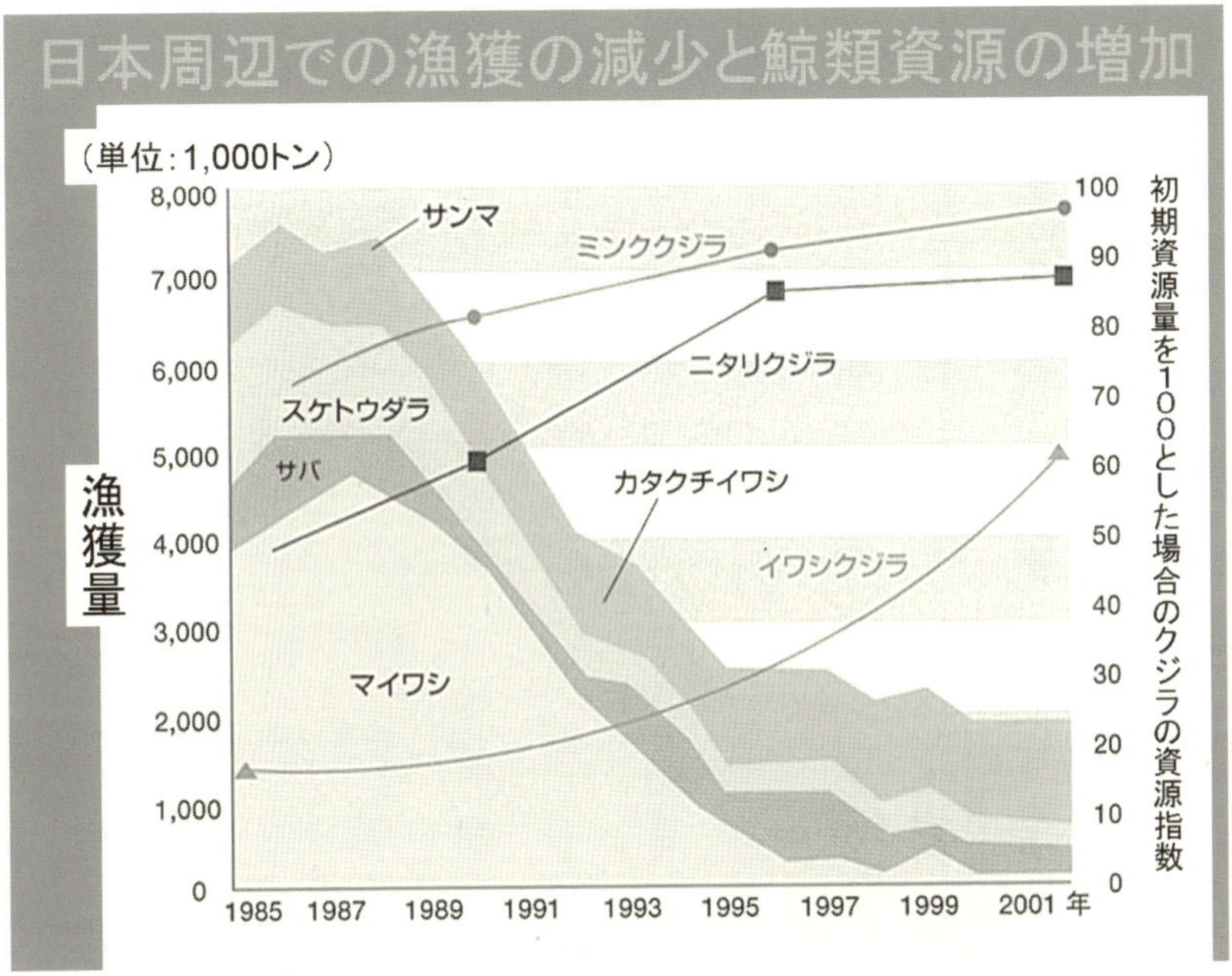

日本周辺での漁獲の減少と鯨類資源の増加
農林水産省『漁業養殖業生産統計年報』などより（財）日本鯨類研究所作成

などの埋立や乱獲などにより大幅に減少した。下関に限ってみても、ピーク時には二十五万トンの漁業生産物の水場量があった。それほど、水揚げがあったのに、現在は一万五千トンであり、往時の十五分の一になった。日本一の水揚げ港は釧路だった。釧路では一九八〇年前後には漁獲が百二十万トンもあった。それが今では、十二万トンである。この数字を見る限りでは、世も末であるといわざるを得ない。大体、漁業と水産加工業は地方の産業である。そして「魚」は観光業をも支える重要な資源である。サカナが獲れなくなると地方が疲弊する。日本は全く困った国で、サカナ資源は乱獲などにより枯渇させ、それに対して漁業者も行政も有効な手だてを講ぜず、一方で殖えすぎたクジラは外圧を気にして漁獲せず、サンマは、昭和三十八年に制定された、さんま棒受け網漁業にしかサンマを漁獲させないとの国内法を旧態のまま放っておいたり、有用で豊富な資源を有効活用しないことを長年続けて、国力を疲弊させているのである。日本の経済の疲弊が、財政の負担の原因になっており、地域産業と水産業の活性化の観点から大量に存在するサンマなどの資源の漁獲に移るべきだ。

ところで、マイワシやマサバなどの漁獲量の減少と鯨類資源の増加が因果関係にあるのかどうかということを調査しなければならないのである。クジラの増加が、現在減少してしまったマイワシやマサバなどの漁業資源減少の要因になっているのかどうか。原因とすれば、どの程度影響をおよぼしているのかを科学的に検証しなければならない。どのサカナに対して、どのくらい影響を与えているのか。本来そのようなことを調査するために、日本の沿岸と沖合で調査捕鯨をやっているのである。勿論、サカナの減少には他の理由もある。埋め立てによる幼・稚魚の生息域の喪失、水質の悪化、漁船や漁具の高性能化による漁獲効率の向上などが考えられる。クジラによる捕食も大きな問題であると考えるのが当然である。しかし、現在の日本の北太平洋の調査捕鯨は、毎年繰り返し船団を出漁させているだけで、その結果はどんなサカナがどれだけクジラの胃の内容物として発見されたかの一次処理のデータがほとんどである。クジラによる捕食が定性的にも定量的にもサカナの資源量や資源の管理にどれだけ影響を及ぼしているのか。その結果、どのような資源管理戦略をサカナとクジラのそれぞれについて取るべきなのかを、提示すべき時期が既に到来しているのに、それが緒についたばかりである。漁業資源の管理に活用するためにこの調査が実施されたにもかかわらず、この点の調査の分析と漁業資源の管理と保護への提言の発表が未だにされていないのである。それではただ単に、副産物の生産だけが行われているとの批判がなされる可能性が増々高まろう。

南氷洋でも、南緯六十度以南の地域で調査捕鯨を行っている。日本は、オーストラリアやニュージーランドの南の海域で調査捕鯨を行っている。従ってオーストラリア地域などのザトウクジラも日本が調査捕鯨を行っている地域に南下するのである。

ミンククジラの数は近年、もうほとんど増えていない。南氷洋には七十六万頭のミンククジラがいる。その一方で、資源が悪化しているシロナガスクジラも、徐々にしか増加する様子が見られない。かつてシロナガスクジラは三十四万頭いたのである。現在、おおよそ二三〇〇頭ぐらいしかいない。そして、シロナガスクジラを対象とした捕鯨業が一九六五年（昭和三九年）に停止されて四十年以上も経過したにもかかわらず、シロナガスクジラはほとんど増えていない。

オーストラリアでは、観光の目玉としてホエールウオッチングが人気を集めている。このホエールウオッチングの対象になっているのは、ザトウクジラが主な対象である。水面近く派手に水しぶきをあげてジャンプするその様子は、とても絵になる雄大な風景である。テレビなどの映像メディアにもよく取り上げられ、目にする機会も多いと思う。このクジラは、冬の時期にはオーストラリア沿岸で繁殖していて、南氷洋の夏期には、南氷洋まで南下して、そこで大量に餌を食べて、また冬にはオーストラリア沿岸に戻ってくるといった生活サイクルを持つ。南緯六十度以南の南氷洋の日本の調査捕鯨船団が調査を行っている海域でザトウクジラが近年、大幅に増加の傾向にある。加えてナガスクジラが増加している。

筆者は、現状を放置しておくと、ナガスクジラと、ホエールウオッチング対象のザトウクジラだけが増加して、本来二十万頭もいたシロナガスクジラの数がなかなか戻らない原因となってしまうという事態を危惧している。

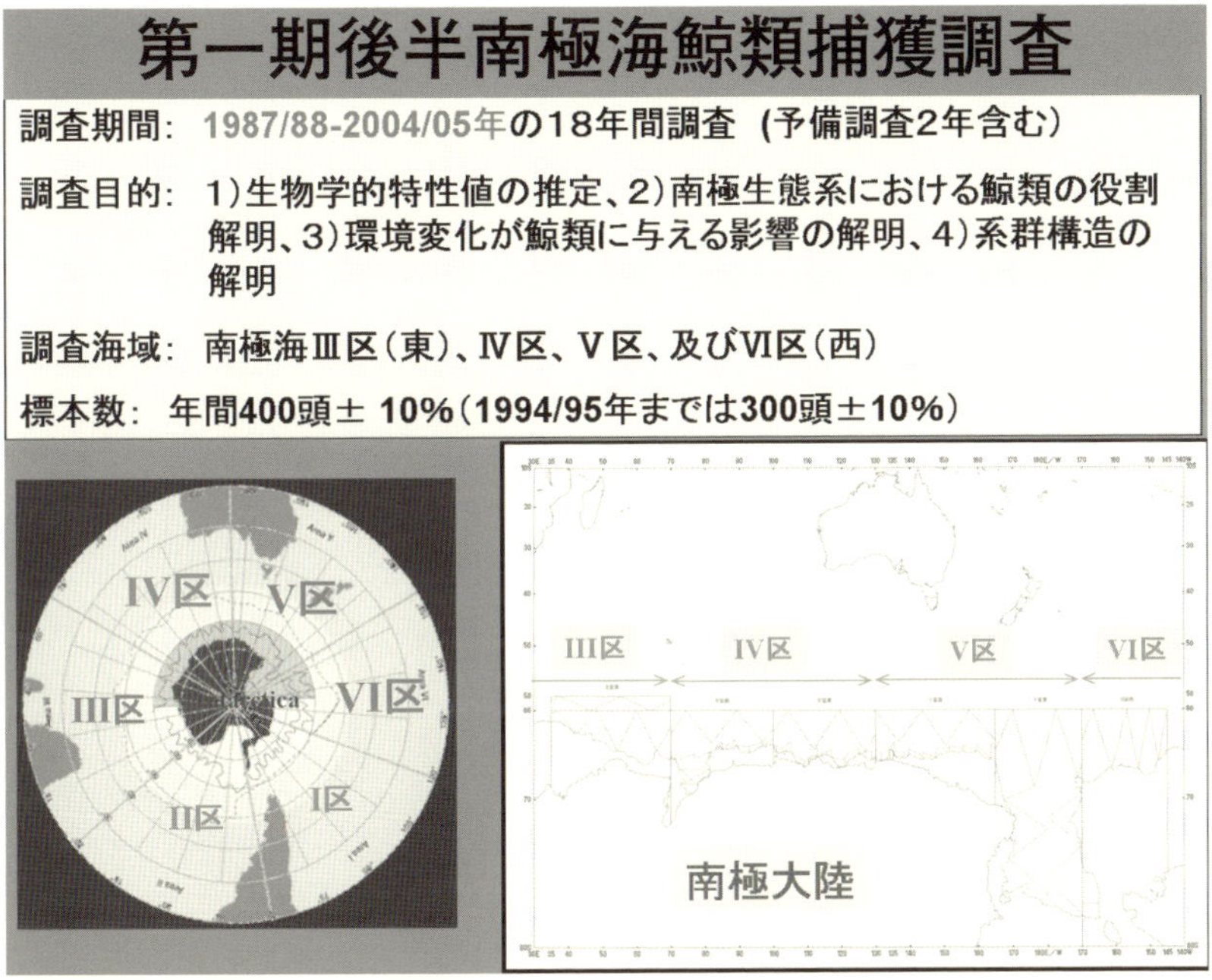
第一期後半南極海鯨類捕獲調査
調査期間: 1987/88-2004/05年の18年間調査 (予備調査2年含む)
調査目的: 1)生物学的特性値の推定、2)南極生態系における鯨類の役割解明、3)環境変化が鯨類に与える影響の解明、4)系群構造の解明
調査海域: 南極海Ⅲ区(東)、Ⅳ区、Ⅴ区、及びⅥ区(西)
標本数: 年間400頭± 10%(1994/95年までは300頭±10%)
Ⅳ区
Ⅴ区
Ⅲ区
Ⅵ区
Ⅱ区
Ⅰ区
Ⅲ区
Ⅳ区
Ⅴ区
Ⅵ区
南極大陸

第一期後半南極海鯨類捕獲調査　資料：（財）日本鯨類研究所

南氷洋の生態系が回復しない問題の原因を追究するべく、日本が調査を新しく始めている。

ミンククジラとナガスクジラとザトウクジラも調査し、相互の関連を調べなくてはならない。ミンククジラも、最近減少傾向といえるので、この減少傾向の具体的な原因は何であるのか、また、このミンククジラだけを減らしていけばシロナガスクジラの数は戻るのか、あるいはザトウクジラやナガスクジラも減らしていかなければ駄目なのかということを、今、調査している最中で、二〇

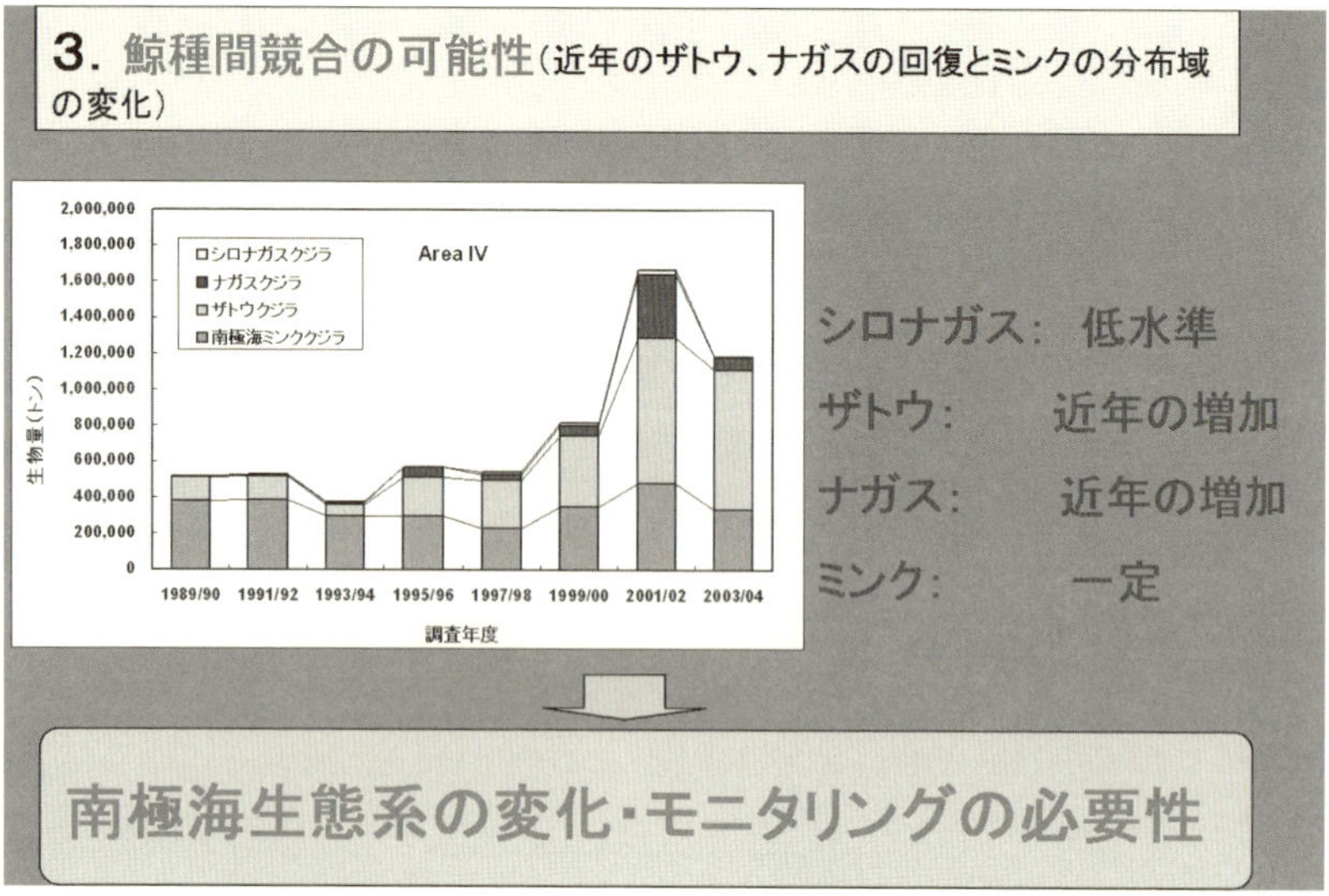

鯨種間競合の可能性（近年のザトウ、ナガスの回復とミンクの分布域の変化）
資料：（財）日本鯨類研究所

〇五年／二〇〇六年（平成十七年／十八年）はこの新しい調査計画のもとで、それまで捕獲数四〇〇頭だったミンククジラを八五〇頭、ナガスクジラはゼロだったところを一〇頭。ザトウクジラは二〇〇七年／二〇〇八年（平成十九年／二十年）シーズンから五十頭の捕獲予定にした。またナガスクジラも同様に五十頭の捕獲が計画された。

しかし、二〇〇七年／八年のシーズンには、南氷洋の鯨類生態系の中で最も生物重量（バイオマス）が重く、食物連鎖上、最も重要な役割りを果たしているとみられるザトウクジラの捕獲を停止することを決め、ナガスクジラについても事実上一頭も

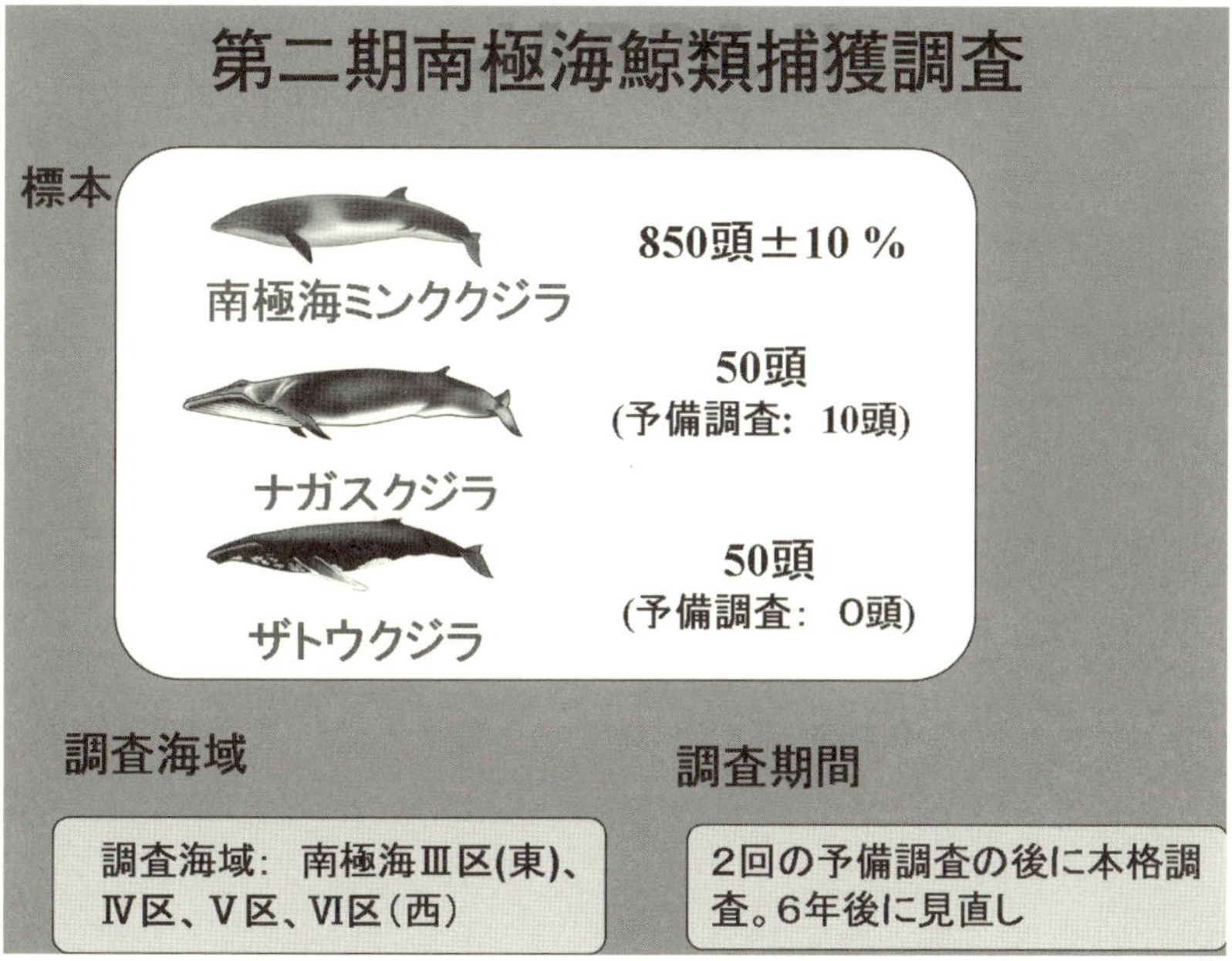

第二期南極海鯨類捕獲調査　資料：（財）日本鯨類研究所

捕獲しなかったことは、南氷洋の鯨類捕獲調査計画の目的の達成が果たせず、その有用性が失われることを危惧する。

また、この南氷洋の調査においても、ほとんど、分析の結果が公表されておらず、情報の開示の義務を果たしていないとの批判が多くなっている（生態学的レベルでは、ＩＷＣ科学委員会で毎年調査結果が報告され第一期後半調査の結果については同委員会によるレビューを受けているが、一般向けの大局的かつわかりやすい説明がなされていない）。

南氷洋とは、日本から最も遠い海の一つである。しかし、戦後昭和二十五年に五島列島の有川を訪ねた宮本常一が語っているように、江戸時代の沿岸の網取式捕鯨で栄えた有川の町の子孫達は、戦後、南氷洋捕鯨船団の乗組員として、この南氷洋にまで出掛けていった。家族や町には明るさがあった。戦後、特に一九七〇年代後半から、世界は二〇〇海里体制に入り、西欧中心の考え方で海に線引きをしてしまったが、もともと船乗り達には海境も二〇〇海里もなかった。あったのは、仕事場としての海であり、漁場であった。この南氷洋のクジラ資源も、かつては有川のクジラ捕りの子孫である海の男を引き付けたのであった。

宮本常一が見た捕鯨

山口県の周防大島（屋代島）には、宮本常一が様々なクジラの研究（宮本は、捕鯨やクジラの調査を目的としたわけではない。しかし捕鯨は漁業の一部であり、漁民や漁村地域の調査研究を行った結果、彼は研究・調査の記録に捕鯨を含んで記述した）について、膨大な資料が残っている。農山漁村調査とともに、それら資料を一堂に集めたところが周防大島文化交流セン

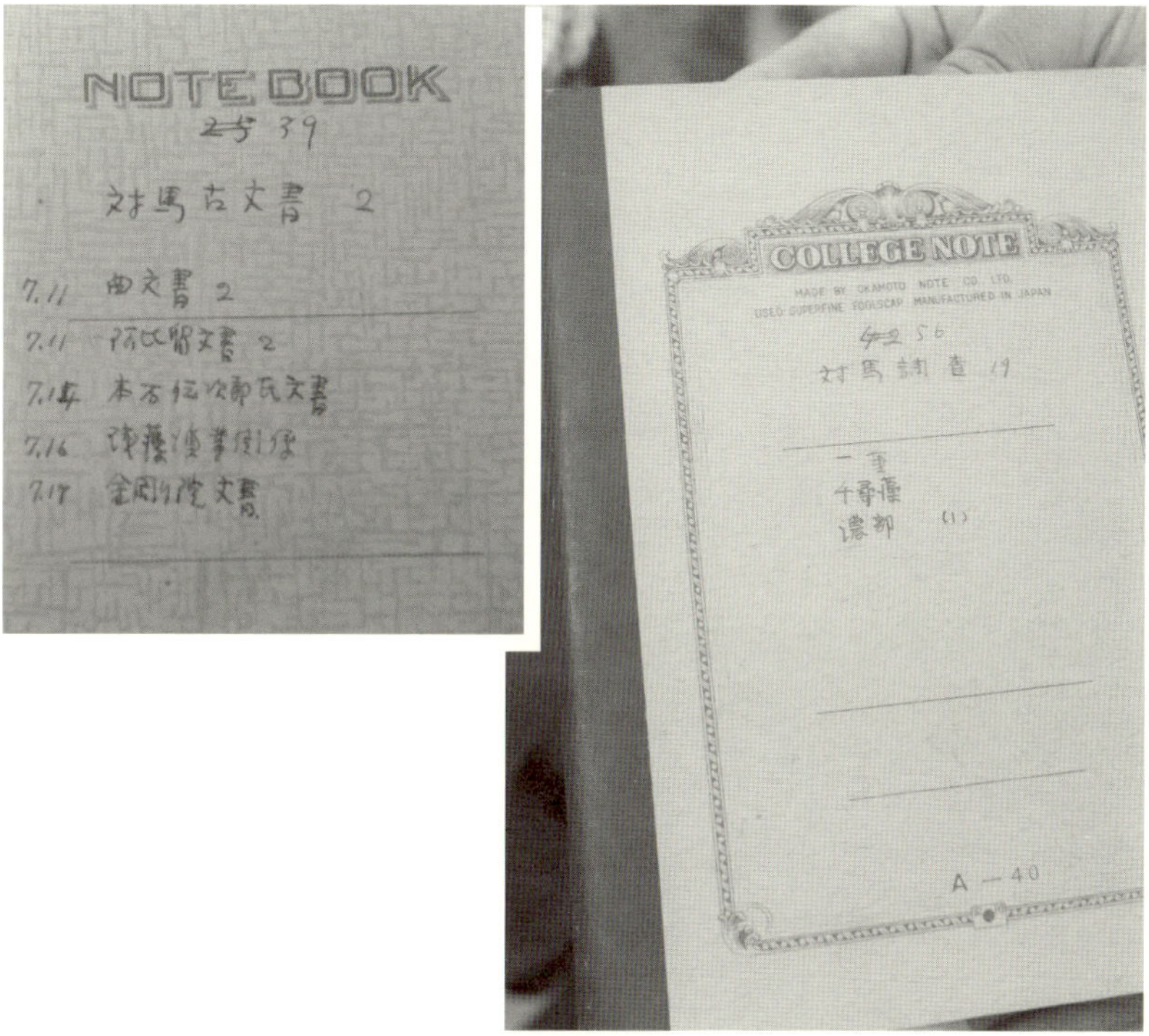

対馬取材であることが記された表紙

ターである。

　写真は宮本の一九五〇年（昭和二五年）の対馬のフィールド調査におけるノートである。宮本自身による直筆のスケッチである。イルカ用の銛と簡単な説明が記されてある。対馬の中央部の東側に千尋藻湾がある。北東に大きく口を開けた湾である。そこでは終戦直後頃まで、イルカが湾に入ったときに、建切網といわれる網で湾を仕切って、追い込んでその中に入ったイルカを銛や素手で捕るという

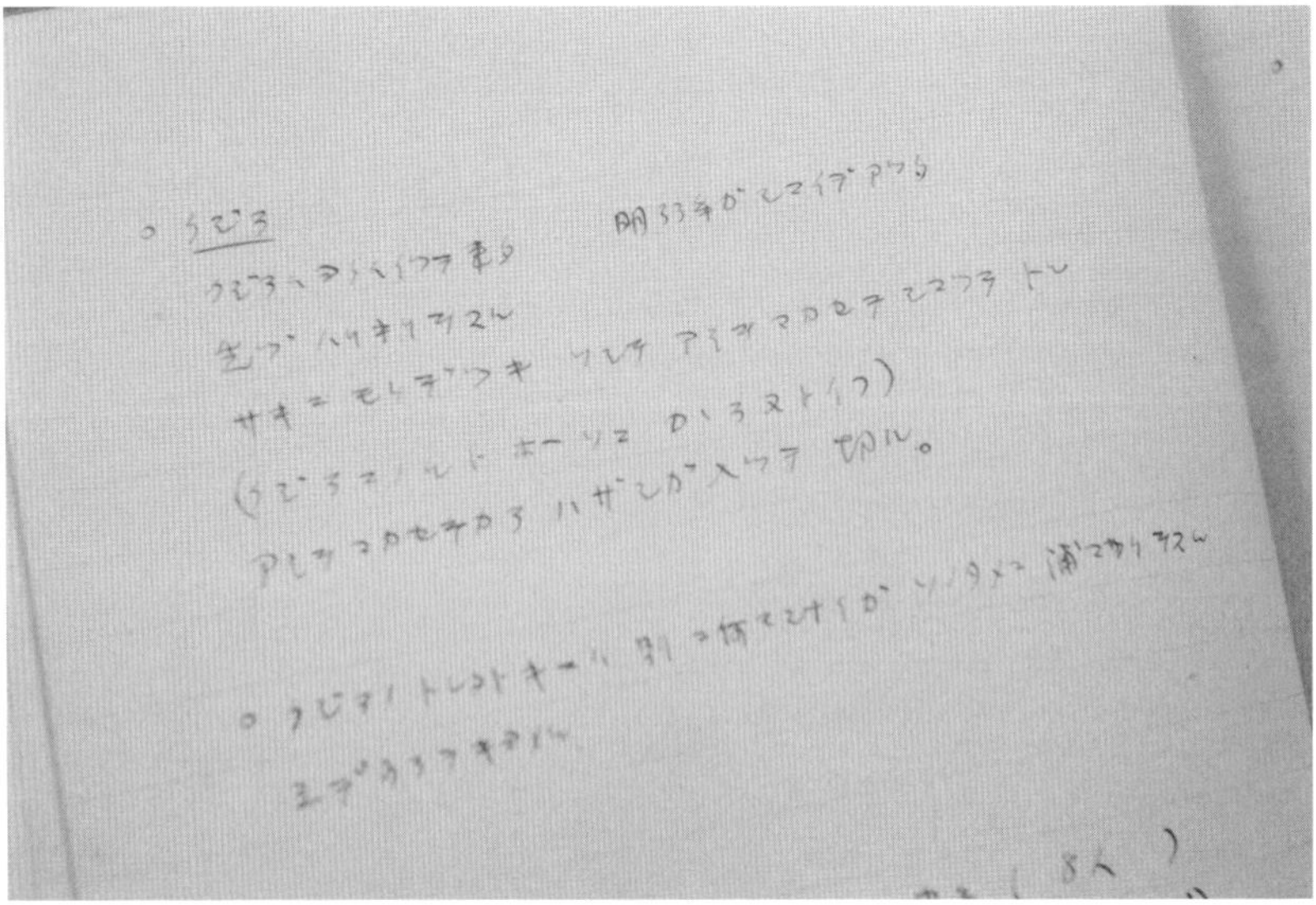

クジラのことについての聞き取りを記録した部分

漁があった。

宮本の手書きのノートには、様々の事柄が書いてあり、頁の頭に「イルカの銛」と書いてある。対馬の取材であることが記載され、二番目に「千尋藻湾」と書いてある。宮本のノートには「漁」の仔細についてまでは書かれていない。千尋藻湾も西側の北にある伊奈浦に近い茂江浦と同様にイルカやマグロの建網漁が盛んに行われたところであった。このイルカの建網漁に使われた銛が描かれている。さらに宮本のノートは、ここで暮らす多くの人々の話、「羽差とは何ぞや」と記載されている。

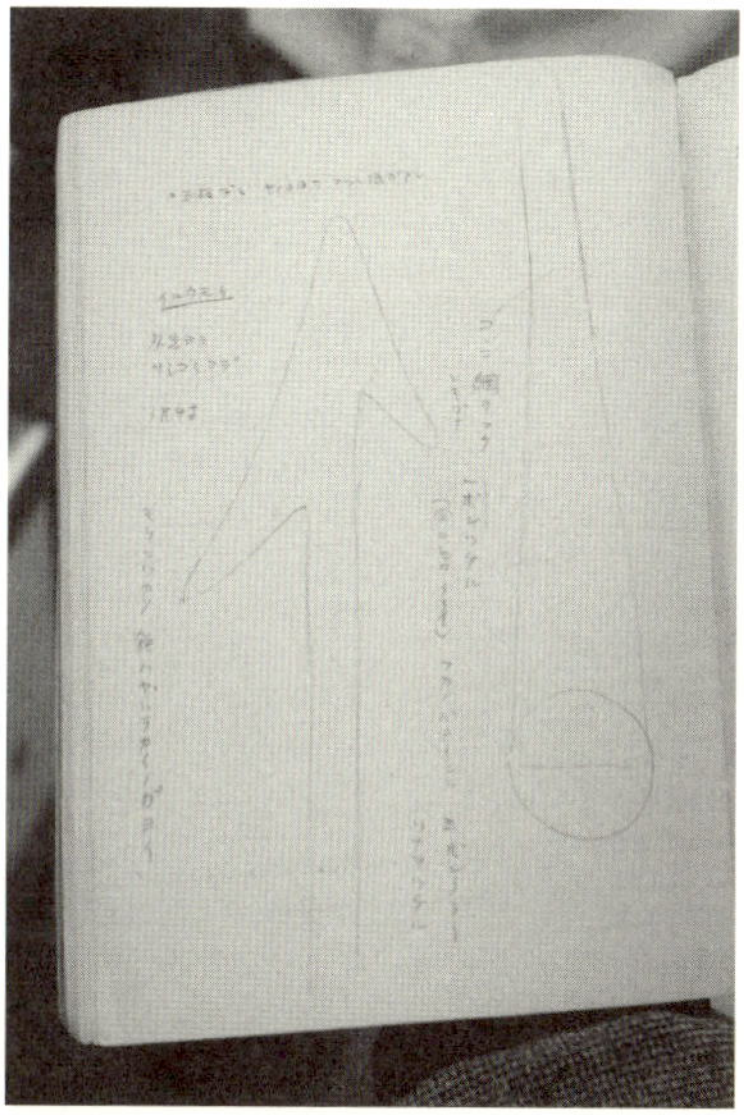
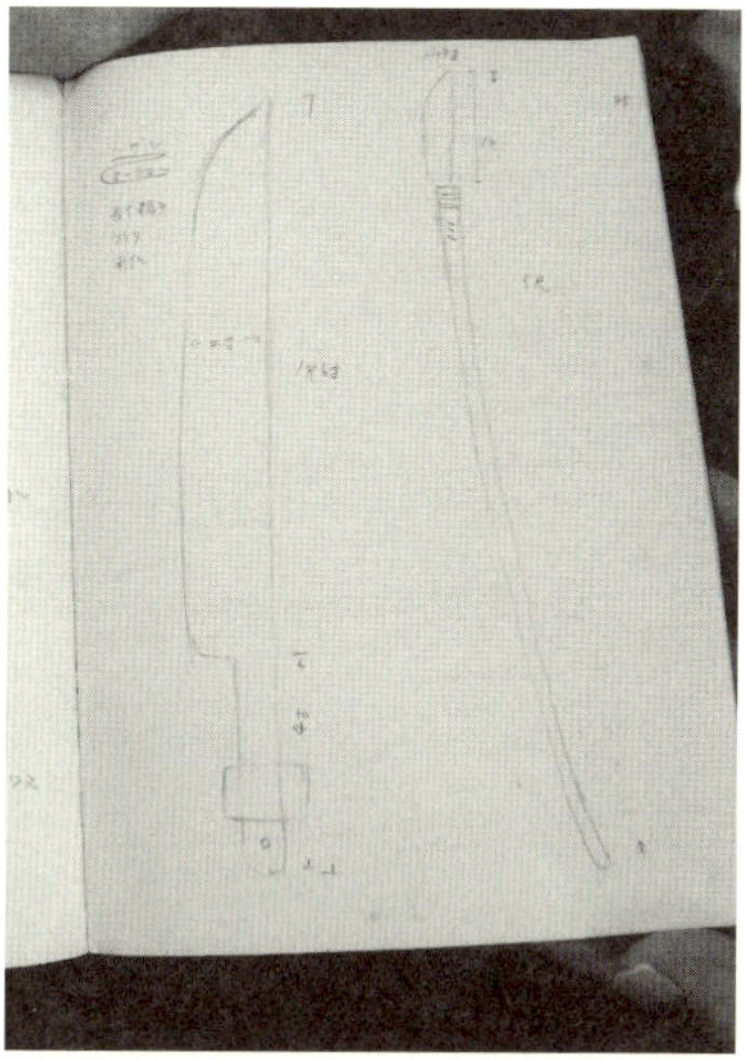

捕鯨銛と解剖用の包丁

宮本の佐野網の変遷と捕鯨業の変遷(『宮本常一著作集・対馬漁業史』未來社P八四以降)は、圧巻である。対馬における捕鯨の変遷を記述したものを筆者は寡分にして知らず、漁業の発達や資本の投下や地域社会との関係を良く知ることが可能となる。

宮本によれば対馬の鯨組は壱岐の勝本から、まず突取組が入って来た。

羽差とは、銛を打ちクジラを最終的に仕留めるために剣で心臓を突き、クジラの鼻を切り、そこに綱を通し、クジラを支えて、船で鯨体を曳航できるようにする最も危険で、勇壮で、最も重要な役割

知多半島の先端、現在の師崎港。1570年に師崎の漁師、伝次が銛で突いたのが捕鯨の始まりとされる。

を果たす仕事師を言う。彼らの先祖の多くは、もともと海に潜ってアワビやサザエなどを採る海士をしていた。対馬にも海士が多く、それらの子孫が対馬で江戸・明治期に展開した捕鯨業に従事したが、それらの人々は、対馬の下県地方の厳原（内府）の北にある。対馬東岸の「曲《マガリ》」に多かった。「曲」の海はもともと九州、宗像郡の鐘崎に居住する海士が、対馬まで夏を中心に、出稼ぎに来てアワビやサザエなどを漁獲して冬には帰国していた所である。対馬の「曲」にまで出稼ぎ漁に出ていたものがしだいに定住するようになったもの。鐘崎の海士は、山

師崎港での聞き取り調査風景

捕鯨を奨励した尾張藩の船奉行「千賀家の墓」

口の大内氏（戦国大名）と戦って敗れた太宰府の小弐氏が、対馬の宗氏を頼って対馬に渡海した際に、これを助けたことで、対馬の漁業権を宗氏から与えられたものであった。

宮本常一著『海の民』（未來社）に、鯨漁が知多半島の先端において一五七〇年頃に始まったことが記載されている。クジラを銛で突き捕る漁法は、元亀年間中（一五七〇～七三年）の三河湾で始まったといわれるが、三河、伊勢、志摩の辺りで湾内に入ったクジラを捕ることが始まった。この辺りでは、現在でも海女が多く、かつては海士も多かったものと考えられる。また、戦国時代には、武士と漁民を兼ねたいわゆる海賊も多数居住していたと考えられる。海賊を先祖に持つものの一つが、鳥羽城主となった九鬼嘉隆であった。九鬼喜隆は十六世紀後半に捕鯨されたクジラに対して運上金（税金）を課したことが記録に残っている。

クジラ漁を奨励した尾張藩の船奉行、千賀家の墓がある。尾張藩の学者内藤東輔により、江戸時代一八世紀に編纂された張州雑誌には、知多半島での捕鯨の様子が色刷りできれいに描かれている。ここの市場において、筆者は、多くの人々から話を聞いてみたのではあるが、残念なことにクジラについては誰も知らなかった。むしろ、各種の捕鯨史や、宮本常一の著作を読んでいた筆者が当地の捕鯨について知っていた。しかし、日本各地においても、瀬戸内海の地方を初めとして、そういう場所がもうほとんどであるといってよい。なぜなら、その地の捕鯨がなくなっていること、もう一つは、宮本が調査を行ったのは昭和二五年から三十八年までで、昭和二五年からは、すでに六十年近い歳月が流れている。五〜六年前の比どころではない。もう形跡もなくなっているのである。普通の日本人は、五十年前の自分の故郷についても知らないことが多い。しかし、土地の人々が自分達の祖先の残した歴史について知らないというのは全くさびしいことである。もっと地元についての歴史教育を充実させたいものである。

南下して三重県鳥羽市に青峯山正福寺というお寺がある。このお寺は海女・海士、漁業者や

観音様が奉納された「青峯山正福寺」の山門

航海する船乗りなどの信仰を集めていて、航海の安全と漁の安全を祈願する名刹の一つである。七〇頁の写真はこのお寺の厨房の釜といろりを見る宮本常一である。筆者もここに行ってみた。ここには、鳥羽市に過ぎたるものと言われる国宝級の山門があることで有名である。

お寺のどこがクジラに関係あるのかというと、七一頁上の写真が相差の海の「鯨崎」、たくさん岩があり、このうちの一つはクジラが岩に変わったものだといわれている。鯨崎までクジラが十一面観世音菩薩を背中に背負って泳いできて、ここで一つの岩に変わるとともにクジラ

海人の信仰を集めている青峯山正福寺の厨房で竈を見る宮本常一（1980年５月撮影　須藤功）

鯨崎に建つ「青峰山十一面観世音菩薩発祥之碑」

は青峯山まで登っていく。この青峯山の正福寺の本堂の前に池がある。その池の中にも、やはりクジラの形をした岩が存在する。それがクジラが変わったものだといわれている。そのクジラが背負ってきたと伝承される十一面観世音菩薩がお寺の中に収納されており、これは四十年に一度しか公開されない。宮本常一が、

観音様をのせて鯨が現れたと言われる、鳥羽市相差「鯨崎」

海女たちへの聞き取り調査風景

この地で捕鯨について調査した形跡はない。また、青峯山正福寺にまつわる航海者や漁業者についても、宮本常一の調査記録を見つけることはできなかった。このようなクジラにまつわる伝承の残るところで、現在でも海女さん方は、非常にこの青峯山を大事にしていて、「青峯山、青峯山」と潜る前にお祈りする。暖炉をかこみ暖をとる海女さんと筆者は話したが、気迫みなぎる明るい女性たちであり、話していても筆者は形無しにやりこまれ、タジタジの体で、そそくさと楽しく退散した次第である。時期は一月頃、彼女たちは火にあたっていたが、ちっとも寒そうには見えなかった。痛快なご年配の元気な女性達であった。

次は捕鯨の発祥の地といわれている和歌山県の太地、その隣りの古座と串本である。宮本常一は太地には来ていない。対馬や五島列島の捕鯨については大変詳しく調査し記述している宮本常一が、「発祥の地」と言われる太地にその調査の目的で全く足を踏み入れなかったのはとても不思議である。ちなみに、宮本はもう一つの捕鯨の隆盛の地、土佐の室戸（土佐には行っているが）にも行っていないと思う。ただし、著作の中で、井原西鶴の『日本永代蔵』の「天狗源内」を引用している部分がある。

熊野の太地の和田頼元という人物が知多半島師崎（諸崎）の伝次と堺の商人、伊右衛門と組

太地町燈明崎に再現された「山見小屋」

かつては川原が解体場だった、古座鯨方の解体場跡

串本町大島の樫野崎から古座町方面を眺める

樫野崎灯台から鯨の通り道を確認調査

井原西鶴の日本永代蔵に登場する「鯨の骨の大鳥居」

み、一六〇六年に捕鯨専業組織である「突組」を創設する（一六一四年に頼元が亡くなるまで続く）。彼の子の頼照が小野浦の与宗次を招聘し捕鯨を再興した。西鶴の話の元になったのは、その三代目の頼治、または太地角右衛門といわれている。『日本永代蔵』には「天狗源内」という名前で登場し、三十三尋のクジラ、全長五十メートルもあるクジラを捕ったとしるされてある。実際には、全長五十メートルのクジラなんてあり得ない。現在、最大のシロナガスクジラでさえ三十メートルほどである。そういう話が出てくる。

特に宮本常一が足繁く通ったのは、長崎県五島列島の有川である。そこにある海童神社には、ナガスクジラの下顎骨の部分で作った鳥居がある。かつては三対あったが、今は一対遺るのみである。この神社は、今でこそ陸続きであるが、昔は海の中にぽつんとあった。境内の敷地が島であったためである。しかし、全部埋め立てられたためにこうなった。島が海に囲まれ、その島にある神社に祀られた神様が宿り、年に何回か海への御降海などを果たして、大漁や航海の安全を見守ったものと考えられるが、海童神社の置かれる島自体が島でなくなって、何のための神社か。神様はどのように陸地に囲まれた人工の環境で、人々の安寧を祈れば良いのであろうか。考えてみると日本国中で、自然の環境を壊し、私達の祖先が大切に残してきた自然への恐れ、すなわち「神」を敬わない行動を、歴史もあまり顧みることなく平気で行っているように思える。大体、こういう神社仏閣のような信仰の拠点というのは「霊験あらたかな」と人々に感じさせるような環境の中にあってはじめて、畏敬の念と信仰の対象となるわけである。それを全部埋め立てて、その隣りに箱物の建物をつくりがちである。カラオケセンターみたいなところや、普段は空きが目立つ大型バス駐車場だとか、本当に目もあてられない。埋めたてられたところはかつては良好な藻場や干潟だったところである。そうすると魚や海藻もなくなる。景観上もやすらぎを感じられない。

ナガスクジラのあご骨の鳥居が建つ有川の海童神社

『私の日本地図』（宮本常一著）、五島列島の有川のくだりは次のように書き出されている。「五島の有川という名は、瀬戸内海を歩いていた頃に方々で聞かされた。そこでは鯨がとれ、その鯨をとるために瀬戸内海の

明治期まで有川捕鯨組が使用した横浦捕鯨基地跡

漁民が昔から出稼ぎに行ったところである。この町に、専念寺という浄土宗の寺がある。その寺の過去帳は、一六九三年（元禄六年）から書かれたものであるが、この地で死んだ旅人の名も記されている。……一七一七年（享保二年）に江戸の行者が死んだのを最初に、筑前（福岡県）の鐘ヶ崎の者がかなり死んでいる……筑前野北、肥前呼子、名護屋の者も死んでいる。いずれも海人部落の人々で……」

有川の捕鯨は、一五九八年（慶長三年）江口甚左衛門正明が、紀州湯浅の庄助とはかり突組を組織したことに始まる。ところで、筆者は日本の捕鯨組の発祥地は紀州の太地と何度も聞かされたが、他国に捕鯨の技術をもたらしているのは紀州湯浅とされている。湯浅の方が太地より捕鯨が盛んだったとも考えられる。江口家は当時、有川の庄屋を務めており、甚左衛門が行った捕鯨は失敗に終わる。しかし、その後、子息の甚右衛門が父、甚左衛門の意志を継ぎ、宇久島の山田茂兵衛らと協力して有川鯨組を組織し、網取式の沿岸捕鯨を発展させたのである。一六六一年（寛文元年）の福江藩から富江藩を分ける富江分知以前には、有川に鯨突き組は十組あったといわれている。ところがこの分知によってそれぞれ福江藩と富江藩に分かれた有川・魚目両村間に海境問題を誘発。裁判沙汰になった。結果的に有川側が勝訴。一六九一年（元禄四年）、江口甚右衛門正利による有川鯨組が操業を開始し、一七一二年（正徳二年）までに、千三百十二頭もの鯨を捕獲したのである。

有川捕鯨の祖、江口甚右衛門正利の像

捕鯨最盛期であった元禄年間には毎年三十頭から八十頭の水揚げがあり、その膨大な利益は五島藩の財政を潤し、村民の生活を豊かにする。沿岸捕鯨のピーク時には、他地域から千人もの捕鯨関係の出稼ぎ集団が移入し、村の人口は約三千人を超え、産業都市を形成していく。明治末からは外国の近代技術導入により近海沿岸捕鯨から遠洋捕鯨へと移行し、有川は捕鯨基地としての機能を失うものの、その技術集団、労働力の人材供給源として近代捕鯨の発展に貢献していくのである。「鯨の来なくなったのは、有川だけではなかった。山口県仙崎・長崎県対馬・生月など皆同様であった。各地とも打開策を講じていたが、仙崎では山口県阿武郡福栄村の人岡十郎がノルウェー式捕鯨法をとり入れた日本遠洋漁業株式会社をおこした。明治三十二年のことで、岡は慶應義塾出身で福沢諭吉の弟子であった。有川に新しい捕鯨会社のできたのは明治三十六年で、長崎捕鯨会社と名付け、その中心人物は原真一であった」（『私の日本地図』・五島列島）と宮本常一は記述する。

また、有川では、昔から鯨肉を冠婚葬祭の酒肴やおかずとして用い、そして普段の一般家庭における食卓でもよく利用されている。旧暦の三月三日には、鯨肉で盛り付けた「くじら重」が作られ、野山や磯に出かける重開きの慣習がある。ちなみに現在でも、町の産業まつりの中で、鯨肉の販売を行い、鯨の食文化を守っているのである。

一七一二年（正徳二年）甚右衛門正利がその鯨組の実績を刻んだ「鯢鯨供養碑」を鯨見張所の山の山頂あたりに建立している。この供養碑は北東の海に向けて建てられ、そのうちの一基は風化がはげしく、数文字が読みとれるのみである。もう一基のほうは、元禄四年から正徳二年までの約二〇〇年間の捕鯨数が記録されている。供養碑には二つの観音石仏が添えてある。この時代以降、捕鯨数が激減し、組主の交代も繰り返され、衰退の一途をたどるが、藩の保護もあって一八八三年（明治一六年）まで存続するのである。その後、日本が一九三四年（昭和九年）に南氷洋に母船式捕鯨船団を出漁させるに至り、郷土の人原真一が日本水産株式会社の重役になり、捕鯨の町有川から、多くの出稼ぎ乗組員を輩出して、遠洋捕鯨従事者の町として甦った。戦後ピークには九〇〇人もの乗組員を送り出し、町の経済に大きく貢献して来た。

一九八二年（昭和五十七年）には、商業捕鯨の一時禁止が決定された。しかし現在でも五島列島出身の乗組員が調査捕鯨船団に乗船している。

宮本常一が有川の調査を記録したノートを筆者は全部見たのであるが、興味深いことに宮本は、有川の将来的展望やさらなる活性化への提言まで記述している。その中でも、強く印象に残るメモは、女性が自立しないと駄目だと、はっきり書いてあったことである。手に職をつけ

正徳二年に建立された「鯢鯨供養碑」

有川の鯨見山に再現された「鯨見小屋」

て、女性が自立することが大事であると。実際に宮本は有川で、根本的なことを指導、奔走している。有川の女性について「恋愛結婚」が非常に多いことに関して、土地のおばあさんに宮本は聞いている。「一生を損するようなことを誰がするものですか」というのが答えであった。東北地方に比べ、有川には、じめじめしたところがないとも書いている。有川の近海でクジラが少なくなったことに対して、漁業資源をどうやって回復させるかということに頭をひねっており、また、当時の有川の山下元一郎町長（昭和二十二年から三十九年）が町民から尊敬されているところが非常に救いであるとも書いてある。「山下町長が町を歩いていると、老人でも誰でもが立ちどまって話しをする。誰もが「オヤジ」として尊敬しているようだ。町長はすべての人を理解しようとした人だ」（『私の日本地図』・五島列島）「宮本は「これからさきは有川も海から次第に陸に上がってこなければいけないのではないか、それにはミカンの栽培も必要ではないか」と話したところ、山下さんは小学校の卒業式の日に卒業生にミカンの樹を一本づつくばることにした」（『私の日本地図』・五島列島）。これからは、筆者はむしろ、日本近海のサカナ資源を回復させることがとても重要だと思う。江戸・明治時代にはサカナを追ってクジラが有川湾に入った。今は乱獲でイワシもサバもいなくなった。クジラも少なくなるのはあたりまえだ。水産資源が戻れば離島の活性化は確実に達成する。

宮本常一の著作『海の民』をみると、有川の捕鯨を支えるために、海上で働く人が四〇〇人、納屋働き五〇〇人を入れると合計九〇〇人が一つの仕事場で働いた。船大工とか、桶屋とか、鍛冶屋の職人は、瀬戸内海からの出稼ぎが多かった。船大工は兵庫。兵庫というのは、今の神戸市の兵庫区である。それに安芸の倉橋島である。筆者は倉橋島の船大工に実際に会って聞いてみた。「鯨船を造りましたか」と。ところが、「いやあ、そんな話は初めて聞きました」とか、「イカ釣り船だとか、ちょっとした沿岸の船は造りましたけれども」と語った。宮本には牛島、八島、佐合島などの周南列島や備後鞆、倉橋島などの、有川や西海との捕鯨との関わりをもっと詳しく具体的に記述を残して欲しかった。宮本は、捕鯨が盛んだった五島有川・壱岐・対馬に残った記録から捕鯨を記述したが、そこへの出稼ぎ地から見た分析調査が欲しかった。もっとも、宮本が歩いた時代にも、彼が残したこと以上の記録は残っていなかったのだろう。

それから、網大工は備後田島出身が多かったというので、行って関係者に会ってみると、ここは記録が残っていたのである。ここの神社の寄付碑などには、五島捕鯨株式会社の寄進によるとはっきり書いてあった。ただ、この捕鯨会社は明治時代に入ってからのことで、江戸時代については他地域と同じように、あまり記録がないのである。

この備後田島は、戦後、南氷洋捕鯨に昭和三〇年代、四〇年代と乗組員をたくさん出している。乗組員水主（かこ）としては、高見島、備後田島、周防大島と書いてあるのだが、八島や牛島は乗組員が長崎のほうに出ている。宮本の著作の中では、周防大島のどこといった、より詳しい記載はない。周防大島の久賀からは釣りに対馬に出た記載は出てくる。周防大島の沖家室でも壱岐に行って釣りに従事したと出ている。宮本の記憶にあった佐合島、牛島、室積なども全部行ってみたのであるが、これらも人々の記憶に残っていなかった。

それから、メーザイテン（弁財天）という祭りがあって、有川の隣村の魚目と漁場の使い方をめぐって一六八八年（貞享五年）、有川村百姓と魚目村百姓との間で鯨漁場をめぐり対立が生じ、江口甚右衛門らは江戸に上り訴訟。その裁判が二十年以上の歳月に及ぶ有川と魚目村の境界紛争は、有川村の勝訴に終わり、そのお祝いの祭りがメーザイテンである。これは、漁場が富江藩と福江藩の境となっていたために、ことをさらに難しくしたのである。富江は、五島（福江）藩を割って、一六五七年（明暦五年）に五島盛次の弟盛清に三千石を与えて成立した。この藩は、優良漁場を抱えて本藩より豊かだった。江口甚右衛門は藩の調停を受け入れず、結

毎年正月14日にメーザイテンが奉納される有川の弁財天

局、埒があかなくて三回江戸に上ることになる。幕府に、すなわち最高裁判所に判断を仰ぎ、結局、最後には勝ったのである。穏便におさめようとした自分たちの殿様の言うことを聞かないで、江口甚右衛門の行動を宮本常一は高く評価して、やはり筋を通して、正しいと思ったら権力に屈せず、主張をする、それが大事であるということを、このメーザイテンのところで述べている。弁財天（メーザイテン）は、有川村が魚目村に勝訴したことを祝うお祭りである。われわれも、普段、誰かが何か理不尽なことをしたとき、そのまま、すんなり受け入れてよいものだろうかと、よくよく考えねばならない。

写真は有川の原真一という、南氷洋に操業した日水を築いた人の像である。その息子は原萬一郎という。宮本の『私の日本地図』の中に、一九〇三年（明治三六年）、有川に新しい捕鯨会社ができると記述があるのであるが、これが後に東洋捕鯨になり、やがて日本水産となっていく。この会社は長州の捕鯨会社よりも四年程遅い。社名は長崎捕鯨組合と名付けられ、その中心人物は原真一であった。日本遠洋漁業会社や長崎捕鯨組合に加えて、各地に捕鯨会社が乱立した。そ

有川捕鯨に貢献した原真一像

原萬一郎之像

こで、原真一は岡十郎と諮って、捕鯨会社六社を統合して明治四十二年東洋捕鯨株式会社をつくった。この会社は後に日本水産株式会社となる。原真一は、日本水産株式会社の重役として活躍する。故郷有川の若者達が彼のつてで南氷洋に働き場を得るのであった。

宮本の著作を読んでいくと、捕鯨という仕事はいいところだけではけっしてない。やはり命をかけてクジラと人が互いに格闘するわけである。その格闘の様子が各地に残っていて、それらの残滓である、お墓を一つの手がかりに、宮本常一は各地をめぐって丹念に掘り起しているのである。宇久島の鯨組組主、山田茂兵衛という人の孫にあたる組主三代目の紋九郎の一七一六年（正徳六年）、冬のさなかに子持ちのクジラが南下していくのを見かけて後を追って、暴風雨に見舞われ、七十二人の死者を出す惨劇があった。写真は鯨組組主の山田紋九郎の墓である。この墓は、この事件後四十年も時を経てから建てられている。それから、紋九郎の廃業のきっかけとなった七十二人の供養塔である。慰霊碑である。筆者が宇久島を訪ねた時には肌寒く小雨が降っていて何とも物悲しい雰囲気がただよっていた。七十二名の亡くなった人たちは、備後田島、鞆、八島、佐合島、高見島であると供養塔に全部刻まれている。山田茂兵衛が鯨組を始め、有川の江口甚左衛門が鯨組を始めて以来の大惨事だったわけである。「その山田氏が捕鯨事業を始めて三十年余りにしてやめるようになったのは、捕鯨に伴う大きな海難事件をおこした

宇久島の鯨組組主、山田紋九郎の墓

紋九郎廃業のきっかけとなった72人遭難の慰霊碑

大正10年建立「鯨千頭祝碑」

南氷洋捕鯨の砲手達が建てた鯨魂供養塔

からである。その慰霊碑が町の西の墓地にある。墓石の正面に「南無阿弥陀仏為造立石塔志者値海難七十弐人霊仏果菩提也同縁種智三界万霊等」とあり、右側面に「正徳六丙申天、左側に正月十二日山田紋九郎羽差」とある。」久しく漁のなかった山田組の捕鯨組は西風の突風に遇って遭難した。同じようなことは和歌山の太地にもある。それから、同じ漁業では、明治十一年十二月に八十人余が死亡した気仙沼のカツオ漁。千葉県房総半島の南端の野島崎付近の部落である布良《メラ》のまぐろはえなわ漁の村は、遭難が続き、後家村と呼ばれる。筆者の故郷岩手県陸前高田市広田町でも、椿島の中で昭和三十年代に福島県いわき市四倉町の漁船が座礁し、全員死亡した。つい先頃、五十年前に石巻港で遭難した宮崎県南郷町のさんま漁船の慰霊に参った。海難事故はたくさんあるわけである。漁師は命懸けで魚を獲ってくるものである。こういった先人や現在の漁師達の苦労を、われわれは常に思い出さなければならない。サカナはスーパーマーケットで生産されているのではない。

五島列島は五つの島から成っていると思われがちだが、実際は大小一四〇の島々から成り立っている。宇久島と小値賀島はこの列島には属さず、一般的には、中通島、若松島、奈留島、久賀島、福江島の大きな五つの島を指して五島列島と呼ぶ。宇久島と小値賀島は、平戸島や生

小値賀町の歴史民俗資料館に残る小田家の捕鯨関係資料

月島と共に北松浦郡に属し、五島列島は南松浦郡に属した。それぞれ歴史的経緯が異なるところである。宇久氏も松浦氏も平清盛の弟忠盛の子家盛の子孫だと言われる。宇久氏は松浦氏の一族ではありながら、宇久を領有していた。宇久氏は八代宇久覚の頃に福江島に移り、五島を姓とする。一方、宇久島と小値賀島は、藤原氏との確執の後に松浦氏の勢力範囲におかれる。

中通島の北に小値賀（おじか）島、（値賀（じか）とは古来、現在の五島列島を示す）がある。写真は小値賀町の歴史民俗資料館に展示された小田家という鯨組

小田家の墓

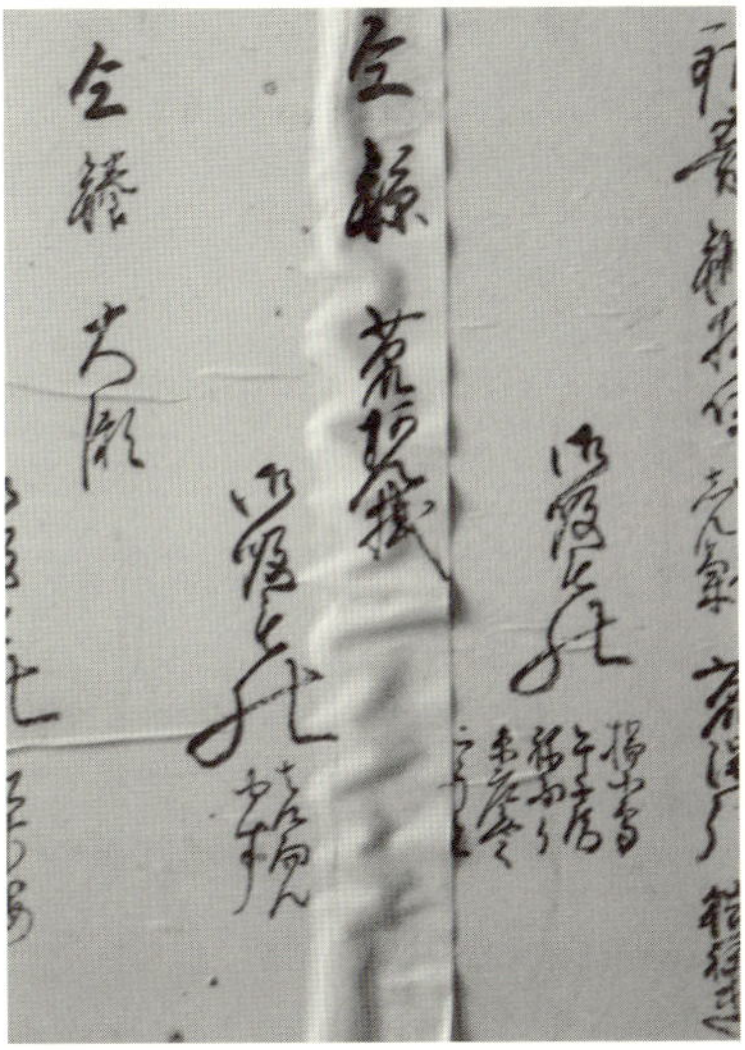

正徳５年（1715）小田家菩提寺の阿弥陀寺万目堂の棟上げ式に鯨の献立「鯨荒阿ん掛」の記録

小田家の墓の横に建てられた鯨供養塔

の歴代当主である。小田家の墓、古文書には小田家が一七一五年（正徳五年）に阿弥陀寺万目堂の上棟式に際し、お祝いの料理にクジラが出たという。この地の鯨組は小田家が始めた。小田氏は、壱岐の出身で一六八四年（貞享元年）、魚ノ目の中野喜右衛門と共同で事業を始めている。そして、その成功によって小値賀島の中心地、笛吹に移住した。宇久島の山田氏が鯨組を始めたのと、ほとんど時を同じくしている。小値賀とか宇久というところはクジラ以外にも、アワビ漁が非常に盛んなところであって、海女・海士がたくさんいた。海士は潜ることが上手である。潜ることが上手だと、クジラを殺すためには、クジラが息をするために鼻があるが、そこに包丁で穴をあけてロープを通すのである。そういうことをする役目を羽差という。こういう仕事「羽差」をする人がいないとクジラは捕れなかった。つまり、クジラ漁が盛んになったところには、潜りがいるか、または別の潜りの部落から潜りの人たちを連れてきて、羽差にして捕鯨を行った。

写真は深澤義太夫という長崎の大村市にある鯨組組主のお墓と、この深澤義太夫が私財を投入してつくった野岳堤である。この鯨組は蓄財を村々に還元している。こういう例は、壱岐でも対馬でもあった。小田組も佐世保の田畑の開墾にクジラで得られた収益を投入したと語られている。

肥前国（佐賀県・長崎県）も、江戸時代は捕鯨が重要な産業であった。名護屋城博物館を中心に、呼子町などでも江戸―明治期の捕鯨を調査・研究している。肥前国産物図考全八巻のうちの第四巻がクジラの解説に充てられている。

大村市に残る深澤義太夫の墓

深澤義太夫が私財を投入して作った「野岳堤」

捕鯨は、唐津藩の重要二十二産業の一つであった。この肥前国産物図考は、唐津藩士であった木崎攸軒盛標が一七七三年（安永二年）から一七八六年（天明六年）までの間に描いたもの。唐津藩主水野忠任の領民への負担増を強いる政策に対して、一七七一年（明和八年）領内全農民による百姓一揆が起き（虹の松原一揆）、木崎が領主に対して国内産業の重要性を訴えるために描いたものとされる。木崎はまず捕鯨を描くことからはじめ、子どもでも読めるようにと「小児の弄鯨一件の巻」との題がついている。その他、放牧、漁業、農業及び鋳物、唐津焼など広範に亘る図説が描かれている。宮本は『日本庶民生活史料集成』（三一書房）にこの図も収録し、序文を寄せている。「自分たちで自分たちの生活を切りひらいてゆく方がより大切であると信じているものが多かった。それは民衆の働いている姿を描いた夥しい絵図にうかがうことができる・・・『肥前国産物図考』などはその一つで佐賀藩における殖産興業関係の生活を絵にしたもので、実に生き生きと民衆が描かれている」と述べている。しかし宮本はこの絵図が描かれた背景に思いをめぐらしていたのであろうか。また、小川島捕鯨絵巻もあり、生島仁左衛門が一七九六年（寛政八年）に描かせたもの。彼は中尾甚六の娘を妻とした。中尾家とは血縁関係にあった。彼は五島の柏浦にも出漁して中尾家を発展させた。

呼子の旧中尾家屋敷

唐津市の呼子をみてみよう。鯨組組主の中尾甚六の屋敷跡がある。中尾甚六は呼子沖の小川島で捕鯨を行った鯨組の当主であり、八代以上に亘って続いた。一八七七年（明治十年）の操業を最後に捕鯨から手をひいた。呼子港の一帯の土地は、江戸期から明治時代にかけては、中尾甚六家のものであった。つい最近まで山下家が酒造所として使った。その一族が、松浦漬というクジラのかぶら骨を酒粕に漬けた食べ物を売っている。山下さんのお宅で、中尾組が所有していた盃などの家具・食器など、見事な様子を現代まで伝える品々を見せていただいた。最

小川島の鯨見張り所

鯨唄を歌い継ぐ、小川島の中尾威貴子さん（中央）

近、九州大学の調査も行われ、この屋敷は十八世紀前半の二代甚六の頃まで遡る可能性が指摘されており、呼子はこの屋敷を保存しようとして修復を始めている。もともとの屋敷のスペースは膨大な広さだったのであるが、だんだん小分けに買われてしまった。この町の沖合いに小川島があり、小川島の周辺は春ののぼり鯨とそして秋冬のくだり鯨の双方の良好な漁場で、ここにクジラの解体場や山見が置かれた。

小川島に行き、中尾威貴子さん、（当時八十四歳）を訪ねた。鯨唄を憶えているというので、唄ってほしいと依頼したところ、「つつじ、つばきは野山を照らす、背美の子持ちは納屋照らす」と唄っていただいた。彼女の楽しみは子どもたちに、この鯨唄を教えることだと語ってい

呼子の龍昌院に残る鯨の供養塔

加部島に残る小川島捕鯨会社跡

た。筆者が訪ねたときは、約束の時間から三十分ぐらい遅れて伺ったのであるが、彼女は正装していて、かなり緊張していた。唄のお願いをしてから、実際に唄い出すまでにだいぶ時間がかかった。やがて、唄いはじめるとだんだん和やかになっていったのである。写真は龍昌院にある一八一三年（文化十年）建立の鯨鯢供養塔（写真左）と七代中尾組が一八三一年（天保二年）に建立した、クジラを千本捕獲したことを記念した鯨鯢供養塔である。龍昌院は三代目甚六が鯨からの収入で再興したものである。中尾家の菩提寺となった。加部島に残る捕鯨会社、小川島捕鯨株式会社跡（写真右）である。明治十年に、中尾組が廃業した後、有志が「小川島捕鯨組」を設立し、明治三十二年に、「小川島捕鯨株式会社」となり、昭和二十二年まで続いた。

壱岐勝本の能満寺は土肥《どい》家の菩提寺であり、鯨組組主土肥家代々のお墓がある。土肥家は、藩主の財力をしのいでいたといわれ、今もお茶屋敷跡には「阿ほう塀」とよばれる石垣が遺る。塀の石材は串山半島から採取したとみられ、四年もの歳月をかけて完成された。長さ九十メートル、高さ七メートルもの規模がある。土肥家の盛期は、江戸初期以降で四代目土肥市兵衛は一七六七年（明和四年）御茶屋敷に巨額を投じて大邸宅を構えた。邸宅の彫刻には金銀をちりばめた。宮本は「……そして鯨組の盛行によってこの家は栄えた。その屋敷は周囲に見事な石垣をめぐらして、城のようであったが、今は本邸はなくなってしまい……」（『私の日本地図』壱岐・対馬）と書いている。

宮本常一は、勝本にも何度も訪れ、対馬と壱岐の分析は非常に細かくまとめている。よくそこまで聞き取り調査を行ったなと驚くほど綿密な調査である。というのも、壱岐と対馬は鯨組が乱立するのである。時期によって、全部変わってしまっていたといっても過言でないほどの様相をみせていたのであるが、そういった細かいことを、整理しフォローしている。

壱岐でもっとも大規模な鯨組は土肥家であったが、西海岸の湯本に納屋場を経営した長谷川組もある。長谷川組は、多くの漁師たちを勢子として雇い入れていたといわれる。ほかにも壱岐には、干拓による新田開発事業にかかわった許斐組などもあった。また壱岐は、このほかにも東の海岸に位置する芦辺町の辺りにも長谷川組などが操業し、南西の海岸の郷ノ浦南の海岸などにも鯨組が置かれた。

壱岐、能満寺に残る、鯨組主土肥家代々の墓

殿様を凌ぐ財力と言われた鯨組主たち。土肥家の御茶屋敷跡に残る石垣（阿ほう塀）

鯨組の納屋場を偲ぶ屋敷街

江戸時代を通じ、長谷川組が納屋場を経営した壱岐の湯ノ本湾

勝本港では、イルカの追い込み漁が行われたが、一時外国人が、イルカを囲っていた網を破り、イルカを逃がしたことがあった。イルカの解体で海岸が血に染まった写真などが世界に報道されたことがあった。この追い込み場は、現在では「勝本イルカパーク」に変わり果てていた。そして、カマイルカ、オキゴンドウ、バンドウイルカなど八頭（二〇〇四年五月）が、仕切られた海で餌付けされ、飼われていた。対馬などでは立網によって迷入したイルカを捕獲してこれから肉や脂を取り、食用や肥料にした江戸時代前から続く長いイルカとのつき合いの歴史があ

クジラを追い込んだ田ノ浦

って、人々の生活になくてはならないものだった。天然物を利用し、環境にもやさしかった。海洋水産国日本が、外国人から誤った非難をされ、縄文時代から続いた生業と食文化を簡単に捨てた例であろう。誠に残念でならない。もう一度、海や海の生きものと人間・日本人との関係を多くの人々が学び直し再考すべきである。

一方、対馬には、漁業と同じように外部からの資本が入って、捕鯨が盛んになった。壱岐から小田組や土肥組がやってきて、各地で捕鯨を始めた。

対馬の北にある鰐浦では、江戸時代、

対馬、鰐浦に残る鯨組員の墓

この辺から朝鮮半島に八時間かけて船が出ていた。この鰐浦には、鯨組員の墓がある。この墓は本当に誰も来ないような辺鄙なところにある。筆者は蚊取り線香を持参しておまいりした。ここのお墓は全部、壱岐の土肥組関係の人たちのものであった。さらに乗組員だけでなく、子どもの墓や下人の墓まであり、昨今は、誰一人もおまいりに行っていないと思うほどの荒れた薮の中に、ひっそりと佇んであった。

それから、茂江浦の奥に位置する伊奈浦に行った。実は筆者は、伊奈でクジラの形跡をたどりたいと思ったのであるが、伊奈に行ってみたところ朝鮮半島や大陸などから流れてきたゴミばかりが溜っており、予定をすこしばかり変更しなければならなかった。酢酸や化学物質や劇薬が入っていたと思われるポリタンクや、ライターや、ペットボトルなどが山ほど流れ着いた。潮の流れがゴミを集める場所なのであろう。人間の活動がなくなれば、自然の力だけでなく、人工物によってますます自然への破壊や汚染が進行することをつくづく思い知らされた。人間も自然の生態系の一部であり、人間が自然の劣化や破壊を防ぐための貢献が必要だ。伊奈というのは茂江の隣浦であって、茂江の人々もふだんは行かない、離れたところなので他所者の鯨組の拠点を置くことを許したと考える。伊奈は宮本の『忘れられた日本人』の「対馬にて」の冒頭に、「伊奈の村は対馬の北西にあって、古くはクジラが捕られたところである」という文章で始まるところである。千尋藻湾四ヶ湾総代会もイルカを捕るようにな

海からのゴミの山となった伊奈浦。かつては納屋場があった。

ってから召集されるようになったと記述されている。

ここ伊奈は、壱岐の小田組が本拠地を置いたところであり、宮本常一は、ここで村の文書を借りようとするわけである。漁業関係の文書を借りようとするのであるが、というのも、はじめは、その場で書き写していたのであるが、何分、分量が多く一日かけてもなかなか写しきれなかったため、これを借りて持っていって良いかとうかがいをたてると、村の者は、「それは私の一存では決められない」ということで、さっそく浦々全部にお触れを出して、二日間も議論した上で、

茂江浦に残る鯨組員の墓

「はい、貸します」という決定がなされたという下りがある。

つまり、今、われわれ日本人は、日本的な民主主義、それから西洋的な民主主義というものは何かと考えた場合に、江戸時代以前から続く日本的な民主主義というのは、本当にとことんまで話し合いを尽くす。一つの浦に入ってしまうと階級社会も何も全てなくなってしまって、

自分たちの浦の行く末とか、在り方を決めるときは、郷士であろうと、お武家さんであろうと、普通の乗組員であろうと、はっきりものを言うと。ただし、はっきりものを言うときも、言わせておいてそれに直ぐに反論させることなく、ある人が言ったらそのまま聞いておく、そうすることによって、議論を闘わせることのないようにしておいて、やはり狭い社会であるから、感情の対立がおこらないようにしておいて、会場にいた一人の老人が「見ればこの人はわるい人でもなさそうだし、話をきめようではないか」と。こんなことで村の大事な「書付け」を貸すわけである。議論を尽くしておいて、最後に「よろしゅうございますか」というように諮る日本的なやり方が、やはり日本人に合った民主主義ではなかろうか、と『忘れられた日本人』に書いてある。筆者にとっても非常に印象深い事柄である。

対馬に来た鐘ヶ崎の海人達は、「曲」に居を定めた。厳原の宗家の殿様に日々サカナを奉るのに都合の良い「曲」に住まいを定めたのは、元禄年間のことである。(『海の民』/未來社)。しかし、男達は、各地に捕鯨組などと共に出稼ぎに行った。女達も初めは「曲」など活動の場で採貝・採草していたが、次第に対馬各地に活動範囲を広げて、自分達の海や浦での入漁権を習慣的に獲得した。これが明治漁業法や昭和漁業法でいう入漁権となって法定化された。

ところで、宮本常一は、『対馬漁業史』／（未來社）で、漁業権について歴史的に分析している。対馬の漁業権は農民中心の本村の農民が肥料用の、採草用の権利として、伝統的に保有していたものであって、後に農村の次男、三男や他所人の入った据浦が海岸沿いの地域にできても、そこの居住者には採草・採貝などの漁業権は与えられなかった。また、ある村が山林の入会権を臨村に与え、その臨村が見返りに漁業権を与えられるということが、明治時代には良くあったとされる。

曲に残る鯨組員の墓

話は戻るが、対馬の西岸の南に、少し突き出した半島状のところがあり、そこにも漁浦があり、そこを廻《マワリ》という。そこにも外部資本によって営まれた鯨組の組員のお墓がある。ここにも宮本は足を運んでいる。そこで、阿比留ツネという八十九歳になるおばあさんが昔の鯨組のことを憶えているというので、話を聞きに行っているのであるが、「明治一七年に終わってしま

対馬、大河内に残る東洋捕鯨跡地

った、それからサバが盛んになった」、と書いてある。この話は宮本の『私の日本地図』に詳しい。では、どうしてなのか、どこから来たのかということを聞いているのであるが、さっぱり、埒があかなかったと書いてある。八十九歳であるのだから、なかなか大変である。これだけ覚えているだけでも大変立派なものであろう。

　写真は対馬の大河内にある東洋捕鯨の捕鯨場の跡地である。井戸なども在りし日の名残をとどめている。比田勝と同様に、最近まで捕鯨が対

かつて捕鯨で栄えた比田勝港

馬では行われていたのであった。曲は厳原の北に位置し、宗家の御菜浦の役割も務めた。ここは筑前九州の鐘ヶ崎から移住してきた海人、潜りの部落である。大内氏と対立し、永年に亘り戦争状態にあった小弐氏を運んできて、宗氏から漁業権をもらった。そして彼らはしだいに定住した。次頁下の写真は壱岐から帰った小田家の残した鹿本神社。対馬で捕鯨組を行った小田家が奉納した灯籠も残っている。

備後田島。前述した五島や生月島などに網大工を出した町である。ここは農地がほとんどないために、出稼ぎし漁業従事者として働かなければならなかった。明治期はフィリピンと、はるか南方まで働きに行っていた。また、大洋漁業（現マルハニチロ）の南氷洋捕鯨船団に乗船する乗組員を多数送り出している。当地の神社には寄進を記した石碑に五島の文字が見える、神社への寄進が五島捕鯨会社によってなされた。宮本の『瀬戸内海の研究』には、次のようにある。「たとえば、田島の漁民の平戸生月島の鯨組の出かせぎ先は先にも述べたところであるが、その中心地は鞆であったとみられる……」

田島漁民の生月島の鯨組への出稼ぎは網船の操縦技術と網すき技術を買われてのことである。作業員として田島の人たちの親方、監督者も、やっぱり鞆出身者だったのではなかろうか。筆者は鞆にも調査に行ったのであるが、しかし鞆のほうには全然そ

現在の曲港

小田家が奉納した灯籠が残る鹿本神社

網結広場だった道路。広島県福山市内海町（備後田島）

ういった形跡が見当らない。今後の調査が行われるのを待ちたい。田島の横島の砂浜は残っているのであるが、ここに鯨船（双海船）を着けて長崎の生月・五島などの西海地方のほうから帰ってきた。自分たちは一日に二升の米が与えられれば、そのうち半分は食べて、半分は家族のために毎日残してためて家族のために持ち帰った。西海の生月島などから、戻った田島の人々は、田島の横島の砂浜にその船を乗り上げておいた。そこで、秋にまた西海に出漁するまで、この船を保有していたのであった。

周防大島の近くで、南にある八島に行って、おじいさん（一一三頁写真）に尋ねたところ、クジラについては何も覚えていないという。ところが、別のおばあちゃんに聞いてみたところ、鯨唄は知っているとのことであった。「祝いめでたの若松様よ」と唄ってくれた。牛島、佐合、八島などは藩から特別の漁業権は認められなかった。つまり、自分たちの軒先の海で魚を獲らせてもらっていない。だから出稼ぎするしかなかったわけである。古くから船を操舵する技術にはすぐれており、対馬、五島、長門方面のクジラ捕りの船乗りとして出稼ぎした歴史を持っていた。宮本は、「このことから、漁閑期の労力余剰が早くから見られ、それが北九州の捕鯨

五島捕鯨会社によって寄進された石碑。西海との関係の深さがわかる。

西海から戻った双海船が最初に船をつけ、船内を掃除した横島の砂浜

周防大島、沖家室の集落

地域の出稼ぎとなってあらわれている。このことは、島の定住後、漁場に不利な立場から、漁業出稼ぎに転じた周防南部の祝島、八島、佐合島、牛島などと共通するものがあり、いわゆる漁村としての性格はうすれている」（『瀬戸内海の研究』／未來社）と書いている。

平郡島からも捕鯨地域への出稼ぎとして人々が出ていると宮本が書いていたので行ってみた。ここも平群島の、西のほうと東のほうに行ったわけであるが、何も見出せなかった。唯一、魚族供養塔はあった。一一五頁上の写真は祝島の練塀。石積の練塀であり主に強風から家を守るために石を積み上げて造った塀が集落内いたるところで見られ、独特の家並みを形づくっている。祝島には、小学校の博物館に島民が西海に出稼ぎに行ったときの銛が残っていた。さらに漁業協同組合の人たち二人に話を聞いた。南氷洋に出たと言っていた。南氷洋に出漁した捕鯨船団は、日水、大洋、極洋しかなかったのであるが、彼らは、宝幸水産の船で行ったと語ってくれたのである。

八島

八島での聞き取り調査

宝幸水産は船団を持っていなかった。よく聞いてみたら、ウィリアム・バレンツ号という、オランダ船籍の捕鯨母船から宝幸水産が大津丸と

平郡島

石川丸などの鯨肉運搬船を派遣して鯨肉を買い付けて、その買い付け船に作業員として乗船したとのこと。若い二十八～二十九歳で、若気のいたりで、洋行したいと思って行ってきましたとのことであった。

祝島は、かつて小中学校の生徒が六百人いたものが、現在はたった二人とのことである。ひどい話である。しかも人口六千人いたのが数百人になってしまっているのである。島の実情に詳しい橋部さんに随分ていねいに案内してもらった。千年も前、京都の八幡神社にお詣りに行こうとした国東半島の伊美別宮の人々が、嵐で祝島付近で遭難して、祝島の漁師に助けられた。そのお礼に、それまで祝島の子供達が大きく成長しない悩みを打ち明けたところ、伊美別宮の人々から、お米の籾を賜り、それを植えたところ米がたくさんとれるようになった。祝島の人々は、四年に一度伊美別宮の人々を招いて「神舞《かんまい》」を彼らに披露してもらう。そのために祝島の人々は、わざわざとれた米を持って伊美まで迎えに行くのであった。二〇〇七年五月伊美別宮に宮司さんや土地の人々を訪ねた。祝島の方々がいまだに手厚く、神舞の行事のために伊美の方を呼んでいることに感激している様子であった。

祝島の石積集落

祝島の港

馬島では、漁

協の組合長の木下さんに会ったのであるが、筆者らが写真を撮っていたらスパイに思われたらしく、「何してんだ」と言われて、「クジラ漁に出た出稼ぎの人々の形跡をたどっている。」と言うと、「ここは出稼ぎした人はいません、馬島は農業が盛んで豊かでした。ほかの周南諸島とは違います」、と、言われたのである。

牛島にも行ってみた。ここでも捕鯨の形跡はなかった。ここは漁村一〇〇選に、藤田・西崎の波止という石垣が残っていて、これが選ばれたのであるが、話を聞いているうちにここの漁師さん方が怒りだしたのである。漁村一〇〇選に絶対するなと言いだした。なぜかといえば、おれらはみんなで同じような波止があったのを供出して近代的な接岸岸壁にしたのであると。藤田・西崎の人たちは、ごねたために結果的に石垣が残っただけだ。それが今になってから、漁村一〇〇選？　一〇〇選なんかやめちまえと怒ったのである。この波戸も、以前は京都府伊根町の舟屋のように、家々

祝島の青年団への聞き取り調査

が海に迫り、とても優雅なたたずまいだった。立派なコンクリートの波止をつくったが、今船は一隻もいない。いったい何のためにお金を使って波止を使ったのか。私は、郷土の先輩宮澤賢治の童話『虔十公園林』を思い出した。虔十の植えた杉の苗は彼の死後も大きく育ち、彼の親は決してその林の土地を売らなかった。

馬島の海岸の護岸工事

馬島のあさり養殖場

　佐合島が最も悲惨であった。ここの島の人と話してきたのであるが、「ところで何をしてるのですか」と聞いたのである。すると、「生まれがここで、か

牛島（藤田・西崎の波止）

牛島の漁村風景

つて六百人の人口があった。しかし、今では全島民四十七人で家が二十六軒になってしまった」と言う。「かつて、自分が学生時代の頃、豆腐屋でアルバイトしていて、島にも活気があった」と。しかし、仕事のため島を出て、そして戻ってきたと言うのである。奥さんも一緒に戻ってきて、奥さんは大阪出身の方だ。奥さんは今は、「逃げ出したいけど交通手段の船もない。船で逃げ出したって、そこから先の鉄道の接続も悪いから大阪へ帰れない」と。ご主人に聞いてみた、「何をしているのですか」と。答えていわく「死ぬのを待っているのです」。全部本当の話である。

広島県の倉橋島は鯨船を造ったところである。ここで船大工を営む植崎さんに、倉橋島では、かつてクジラ船を造ったという記録がありますけれども、何かご存知ですかと訊ねたら、「造った記憶はありませんし、そういうことを聞いたこともありません」と言うのである。「そんなことより何より、私の造船場が今の岸壁にあってみんなつぶされるんですよ。台風で水がかぶるからといってここにでかい岸壁をまたつくると言ってるんです」と言っていた。岸壁をつくると、またそれを波が越える。不思議なことに岸壁をつくったところに全部、波が寄せるのである。砂浜のところは何も問題がないのである。波が寄せると、そこのところをまた岸壁をつくり高くしているのであるが、高くすると、また越える。倉橋の海浜を見ていると、人間の工作物のいかに無力で無駄に見えることか。本当に一度、根本から反

佐合島の港

省し見直してみたらと思った。

宮本は、船大工は倉橋島の者が多かったと書いてある。倉橋島は造船の盛んなところだった。しかし、それ以上の記述がない。実際にどのような船形で、どこから材料を仕入れてきたかとか、そこまで調査された形跡はない。多分、オビスギで船を造ったのであろうとは思う。

佐合島での聞き取り調査

佐合島の集落風景

捕鯨の足跡を訪ねて瀬戸内海を歩いていると、瀬戸内海の他の側面にも興味を持つようになった。鯨組や佐野網漁業者が対馬・壱岐・五島から、鯨・干鰯などの海産物を食用や肥料として廻船で大阪などの関西に運んだ。同様に、蝦夷地の産物が北前船によって大阪など関西に運ばれたが、これらの船々の寄港地や風待港として瀬戸内海などの港が発展した。その中には、

倉橋島（桂浜の西洋式ドック跡）

倉橋島の船大工、植崎氏から聞き取り調査

倉橋島、鹿老渡の浜

大名の参勤交代や朝鮮通信使の寄港としても使われた港がある。

宮本は遊女にもきめ細かな配慮をゆきとどかせた調査をしており、瀬戸内海の遊女は他の城下町などの遊女と異なり、町の人々から大切にされたと分析した。彼は特に倉橋島の鹿老渡《かろうと》と御手洗の遊女屋である若胡子屋について描いていた。小生も御手洗や鹿老渡の若胡子屋を訪ねた。御手洗のそれは、建物も大きく建材もすぐれ、大変、荘厳なつくりであり、遊女や悲劇のかむろにまつわる話も、ものがなしい。鹿老渡の方は、影も形もなく、全く存在しなかった。加えて大崎上島・下島も訪ねて、上島の鮴崎と木之江浦の遊女屋や町並みを観た。法政大学の陣内秀信教授の研究も海と人との接点に注目していた。下蒲刈島の三之瀬では朝鮮通信使にクジラ料理がふるまわれたと記録されている。しかし筆者は確認できなかった。愛媛県と高知県の県境に近い、山中に、檮原《ゆすはら》という町がある。宮本の土佐源氏の舞台である。

鮴崎（大崎上島）のかつての繁華街

大崎上島でおちょろ舟について聞き取り調査。

鮴崎（大崎上島）にはかつて置屋が10軒ほどあった。

「ここは、土佐の山中、檮原村そしてこの老人のこの住居は全くの乞食小屋である。ありあわせの木を縄でくくりあわせ、その外側をむしろでかこい、天井もむしろではってある。……天井の上は橋……」（『忘れられた日本人』「土佐源氏」岩波書店）

この橋は竜王橋と呼ばれ、四万川の上にかかる。この竜王橋に注ぐ源流の一部が竜王湖から流れ、その中の竜神様を祀っているのがこの町にある海津見（わだつみ）神社であり、この山中の神社にもかかわらず、全国各地の漁師や船乗りの信仰を広く集めている。

多くは、宇和海沿岸や、豊与海峡をへだてた大分や宮崎県からの参拝客が多かったが、遠くは宮城

大江港（大崎上島）が風待ち港として栄えた当時に建てられた、珍しい木造5階建て。

伝統的建物保存地区に指定されている御手洗（大崎下島）

御手洗港

県気仙沼市からの人々も見られる。

竜王橋は、六丁の茶屋谷部落にあり、作品の中で八〇才の盲目のばくろうが物語を語る所である。

檮原は、坂本龍馬脱藩の道も通り、そして、棚田の美しさも有名だが、海と山をつなぐ神様（海津見神社）の御座するところである。

山や森の滋養が海を豊かにし、海の恵みの感謝を山に持っているということであろうか。

雪化粧をした檮原の町（2006年12月）

著者が委員を務めた農林水産省の未来に残したい漁業漁村歴史文化財百選の中に山口県周防大島町の沖家室の漁村集落が選ばれた。私も委員だったので、周防大島文化センターを沖家室の集落群の中に入れ、宮本常一の顕彰と更なる紹介に役立てようと思ったのだが、参考として併せて紹介されることになった。今後とも地方と漁村の再興に力をつくせれば幸いである。

12月末の冬土佐源氏に登場する竜王橋のたもとで

村を訪れる人をもてなした檮原の茶堂

宮本常一が創設した周防大島「郷土大学」講演での質疑応答

（二〇〇七年一月三〇日）

質問者：終戦前後のころの記憶ですが、山口県の海で、当時の漁村の言葉で言ったら「なめっぽ、なめっぽ」と言っていました。イルカかクジラだろうと思うんですが、年に二〜三回定置網か何かに引っ掛かって、浜で肉を切って分けた。当時は大洋漁業などを経出して入手した塩クジラしか食うものはなかったんですが、そのなめっぽの肉は生ですから、ものすごくおいしかったという記憶がありますが、これは大体、何クジラだったんでしょうか。なめっぽは、なんかピューッと、ドボン、ドボンとして潮みたいなものを吹いて音を出すんですね。何だったんだろうと、さっきの絵を見ながら、イルカだろうと思うんですけどね。

小松：大きさはどれぐらいですか。

質問者：人間の大人ぐらいかな。

小松：方言はいろいろあって、八島でも聞いたんですけど、スナメリじゃないかと思うんですけどね。小型鯨類七十一種類の中に入っています。それで、ほとんどの方がまずい、食ってうまくないと言ってます。ところが、これは食文化ですからね、まずいものもうまいと言う人もいます。皆さん、クジラはうまいと思います？　私は岩手県陸前高田市広田町の漁村の生まれでクジラにあまり関係のないところで、サカナがたくさんあり、それが十分に美味しいところで育ったので、クジラがうまいと思ったことは一度もないです。まずいと思ったこともない。私、西日本の食であるフグも、うまいと思わないんです。だけど、うまいというのは主観ですから、人それぞれですね。

質問者：終戦後、クジラの肉は塩クジラ。塩漬けで、塩からい。あんなのを食っていたんですよね。

小松：そうですね。冷凍技術が発達していないですから、多めに塩して持ってこないと保存がきかなかったのです。

質問者：それに比べたらものすごくおいしかったんですよ。

小松：だから、うまい、まずいというのは、そのときの食環境だとか、ほかに何があるかにもよるじゃないですか。腹へったときに塩したにぎり飯もうまい。腹いっぱいのときの高級料理はあまり美味しいとも感じません。多分、スナメリだと思います。

質問者：デゴンド。

小松：ああ、デゴンドって瀬戸内海地方では聞いたことがあります。

小松：おいしいという人は、どうぞ。そこが私は大事だと思います。日本人の中でも、まずいじゃないか、だからわざわざ殺して、西洋の意見に反してまで、あんなおいしくないクジラを殺して食う必要があるんですかと言う日本人もいるんですよ。しかし、西日本の人たちを中心に、クジラはうまい、うまいと言う人は多い。食いたい人がいて資源がたくさんあるんだったら、やっぱり食べられるようにしないと駄目だと思います。

質問者：大量に食べたら下痢をしました。

小松：それは皮の部分でね、ワックスでしょ。あれを少量食べればいいんだけど、多分大量に食べたんじゃないですか。下痢の状態になったんですね。脂がのったアブラソコムツだとか、あるんですよ。外国の海域で漁獲したもので。大量に食うと下痢するから、食べるのを厚生省が禁止した。ある人が、面白いんですよ、宮城県気仙沼市出身の千葉周作という人がいた。その人が水産庁の職員だった私のところに来ましてね。「小松さんあなたは事実上の水産庁長官だろう?」というので、「何の用事ですか」と尋ねたら、彼は「どんなものでも、ある程度以上を食ったり飲んだりしたら健康を害するのは当たり前で、それを下痢するから食うなと制限するのはおかしい」と言うんですよ。「しょうゆだとか酒も考えてみろ。しょうゆなんて一升飲めば死ぬ。酒だって一升、二升飲んだら死ぬじゃないか。だけど、みんな適量飲食している。そんなものを規制するのはおかしい。厚生省は何を考えてるんだ。水産庁から文句言ってくれ」と言われました。

鯨肉にも、白身と赤身があります。皮と赤肉があって。『鯨肉調味方』という一八三三年に編纂された料理の古文書でも、一番最初に記述されているのは脂身です。つまり、脂身が一番おいしい。赤肉は、日本人はあまり好んでいなかったようです。皆さん、マグロでも何を食べます？　赤身ではなくて中とろを食べるでしょ。クジラ肉も脂が乗った尾肉とか皮などの白手物のほうが売れる。もっとも売れるのがベーコンです。ベーコンは安くなりませんかといつも言われるんですけど、売れるから。特にベーコンとか尾の身は、ご年輩の方々が好きなんですよ。今、若い人はお金がないから、こういうのをご年配の皆さんに高く買ってもらって、赤肉を安く若い人に食べてもらおうと思っています。つまり、年配者の皆さんから補助金をいただくという考え方ができる。

調査捕鯨は、六十億円の経費がかかる。ところが、調査副産物の売上が六十億です。よくクジラの値段は高いから半分にしてくださいと言うんですが、すると収入は三十億円になります。

六十億円の経費がかかるのに収入が三十億円しかないと、もう南氷洋と北太平洋に調査捕鯨船団が出せなくなるわけです。調査捕鯨は、商業捕鯨と違って、調査項目が一〇〇項目ある。全部調べる。これはお金がかかる。それから、クジラを捕らない、目で見る調査というのがある。これを目視調査というのですが、これにまた費用がかかるのに何の収入もない。どうしてもこれら全ての経費をまかなう調査捕鯨が高くつき、鯨肉が高くなるのです。

環境団体が、鯨肉の在庫があって売れないので、調査捕鯨をやめろと言っています。アメリカ人からやめろ、やめろとたたかれるよりは、一〇〇の鯨肉を生産して、そのうち半分の五〇が在庫になったら、経費が調達出来ずに、やっぱり船団は出られない。収入が半分になるから。要は、在庫がなくなるように、少し高いんですけど、安くなりませんかじゃなくて、ちょっと高くても気張って買って食べて、日本の捕鯨をサポートしてください。

質問者：日本人は鯨体を一〇〇％食べると聞いていますが、世界の国々で、ほかにそういった国はあるんでしょうか。

小松：ほとんどないと思います。ノルウェーでも六割ぐらいしか食わないです。ノルウェーは皮及び畝須の部分を食わない。内臓も食わないですね。韓国は日本と同じように食べますけど、あそこは基本的に鯨食文化がそんなに強いところじゃないですから。それから、イルカを捕獲するところは、肉は食べていますね。内蔵も食べるとは思うんですけど。やはりよく食べるのは、すべての部分を食べるのは日本ですかね。それから、アイスランドも食べきらないので日本に輸出したいと思っています。アイスランドは、あそこも内臓は食べない。イヌイットは二〇〇〇年間食べていたとか何とか言うでしょ。そうかもしれませんけど、彼らが食べるのはマックタックと呼ばれる白手物すなわち皮です。赤肉は犬にやってると聞いてます。脂肪ですから寒いところではこれがエネルギー源になる。彼らはよく好んで食べる。こっちは脂肪分ですからエネルギーの補給ですね。それを伝統捕鯨だとか、伝統文化だとか言ってる。

質問者：骨格標本ですね、ノルウェーから借りないで、日本で捕ったときに骨を残して自前の標本にすれば。

小松：そうですね。

質問者：借りるということはお金がかかるでしょうから。

小松：お金がかかってるんです。維持費に。

質問者：だから、調査捕鯨か何かで。

小松：シロナガス？

質問者：骨格も持ってきて展示すればいいでしょ。

小松：ミンククジラはずっと長い間調査捕鯨で捕っていましたから、少しずつ標本をつくっていた。だから、全国の博物館だとかにはこの標本が結構置いてあります。最近はニタリクジラとイワシクジラも捕っていますから、これも標本をつくってあります。それで私は、このシロナガスクジラを今みたいなことからノルウェーの人たちとくつろいで会談したときに冗談半分に言ったんですよ。アメリカだとかイギリス人は、博物館にちゃんとシロナガスクジラの世界最大の動物の骨格展示があるじゃないか。日本の会社は、日水も大洋も極洋も、南氷洋から持ってくるのはお金がかかる。スペースを取られるわけだから持ってこない。ほんとにこの国は恥ずかしい限りです。骨からは油と肥料を採って、骨格のまま持って帰らなかった。。

捕鯨大国で、国民に対してシロナガスクジラを科学的に展示して見せるところもない。こんな恥ずかしいことはない。これから資源状態が回復したらシロナガスクジラを調査捕鯨で捕獲することはどうだろうか。海洋生態系の位置付け調査をした後で、骨格は標本として展示する。何十年後になるかわからないが・・・。と数年前に言ったんです。ノルウェーの人に。一回目聞いていたときには、なんかほら吹いてるのかなみたいな感じで聞いていたみたいなんです。また半年後に同じ話をしたんです。そうしたら、小松さん、そんなことをやったら反捕鯨だとかアメリカが何を言ってくるか分からないから大変なことですよ。そしたら、いやいや、ちょっと待って、ノルウェーにシロナガスクジラの骨がどこかにあるから、おれが見てくるから、捕獲しないで、ノルウェーが貸すから、と言ったんです。最初はあげるからと言われました。あげるからということで話を国に持って帰って話を始めだしたら、ノルウェー国内には三体あることが分かったんです。一体はノルウェーのベルゲン博物館に飾ってある。二体は死蔵していた。ところが、日本から一体が欲しいと言ったとたんに、いろいろな困難に出くわした。それで間に入った人が苦労して、苦労して、やっとのことで、七年間の貸与となった。

質問者：自前のね。

小松：自前で捕ってくださいということですか。

質問者：今、これは捕れないんですか。

小松：南氷洋での調査捕鯨で二〇〇五／六年のシーズンにようやく、ナガスクジラを捕ってきた。今まで何年もミンククジラしか捕獲してこなかった。私が九一年に捕鯨担当の課長補佐に就いたときは、ミンククジラ三〇〇頭しか捕っていなかった。一三年で少しずつ大型鯨類を追加して捕り、現在の水準まで持ってきた。

質問者：ナガスクジラの骨は？

小松：持ってきてないと思う。

質問者：何年ぐらいでシロナガスクジラはあれだけの大きさになるんですか。

小松：これは成熟年齢に達するのに八年から十年。成熟年齢というのは妊娠可能になるまでね。多分二十五メートルぐらいか。三十メートルには十二年ぐらいかかるのではないか。

質問者：大きなものをよく捕ったもんですね。

小松：すごいよね。だから、昔の人たちは。シロナガスクジラとも格闘しましたし。通常の場合は、ナガスクジラ、セミクジラ、ザトウクジラ、コククジラとミンククジラを捕った。大体、大きいやつだと二〇メートルぐらいまでのものを日本の沿岸では捕ったと思います。相当死人は出たと思います。死んだときに社会で保障する制度をきちっとしていたはずです。そうじゃないと鯨組に人は来なかった。地域の助け合いですよね。漁業自身だって危ない。捕鯨はもっと危ない。その危ない捕鯨に、この辺からだとか瀬戸内海からは全部出稼ぎに行った。瀬戸内海は貧しかった。瀬戸内海では、出稼ぎか海賊かどちらかでしょう。

質問者：作家のC・W・ニコルさんの本を読んだら、日本の捕鯨について非常なシンパシーというか、擁護している方なんですけれども、海外との折衝をするにあたって、ああいう分かった外人というか、あの人は日本人になったようですけど、ああいう人をサポーターとして連れて行くとか、考えられたことございますか。

小松：私も一回、何年か前に、あの人は長野の黒姫に学校の授業を受け持って、周辺の森林を守る運動を一生懸命行っていました。彼の知人が経営する「たつの子ロッジ」に泊まって、語り合ったことがあります。一度お願いしてみたい。

質問者：たまたま本を読んだときに、あの人、日本の捕鯨船に乗ったことがあって、そのときの日本の捕鯨のやり方というのは非常に完ぺきで、無駄がなくて、合理的で、しかも紳士的だと、ほかの国の乱暴な捕り方と全く違うということで非常に擁護していたのが印象的だったものでお伺いしました。

小松：南氷洋の船団に確か乗っているんですけどね。あそこで本を書いて終わっているわけじゃないんでしょうけれども、やってもらえばありがたいですけど。というのが私の感じです。

質問者：くじらの生息数はどう推定するんですか。

小松：まず第一のマッコウクジラの二〇〇万頭。これはアメリカ商務省が勝手に計算したのです。二〇〇二年に谷津さんが農林水産大臣のときにノーマン・ミネタ商務長官が来日しまして、「クジラは絶滅の危機だ」と谷津農水大臣の前で言ったのです。大臣はアメリカ商務省のホームページを示して、「アメリカのデータによるとマッコウクジラは二〇〇万頭もいるじゃないですか」、と言ったら商務長官のノーマン・ミネタさんは「善処します」と答えたのです。この善処はどういうことだったと思います？　翌日、アメリカのホームページから二〇〇万頭の部分が削除されたんです（笑）。

質問者：その数字はもう使っちゃいけないんですか。

小松：使えば良い。アメリカの商務省に聞かれたら、二〇〇二年まで米商務省のホームページにこう載っていましたとちゃんと注釈書けばいい。だって、削除したところで、米商務省が出していたという真実は永久末代変わらない。

資源量の推定は簡単なんです。私の本に書いてあるんですが、海に仮想のラインを引く。ラインを引いて、その上を一日に何十キロと走らせるんです。走った幅、ラインの両脇、例えば六キロなら六キロと決めておいて、その中で何頭見たかというのを計算するわけです。そして、何本分かの線上を走らせていくわけです。ずっと。そして、その面の中に入った頭数を数えて、調査した海域の総頭数を計算します。調査しない海域がありますよね。調査しないところも、調査したところを基にして推定していくわけです。

日本の南氷洋調査の場合は、その面積で見たクジラをベースにして、見たやつをそのまま面積に倍掛け算していって数を出しているんです。どういうことかというと、実はその数は過小に出てくるんです。過小というのは、少なく出てくる。なぜかというと、クジラは潜る。だから本当は、修正係数で割り出さなくちゃならないんです。二頭に一頭潜っていたら、〇・五で割り算をして出す。南氷洋で七十六万頭、世界中で九四万頭というのは、過小評価です。多分、一五〇万頭の可能性はあります。だけど、これぐらいの数字があれば十分でしょう。これ以下でも充分に多い。

環境団体が言うには、食べてもいいけど殺すなと言うんですよ。

質問者：ベニスの商人。

小松：この地域は教養水準が高いですね（笑）。

追悼のことば　河野良輔先生を偲んで

河野良輔先生は、一九二三年（大正十三年）三月に山口県大津郡深川町に生まれた。長い間、山口県立美術館館長を務め、その職務の傍ら、熱心に萩焼を研究し、若手の陶芸作家と博物館学芸員の育成にも手腕をふるわれ、その名声は英国の大英博物館にまで届いたとも言われる。また一方で、長門市内に遺っていた庶民が芸能を楽しむ場であった楽桟敷の保存といった伝統芸能の保護活動などにも精力的に取り組まれた。

筆者が河野先生に、はじめてお会いしたのは、二〇〇一年（平成十三年）秋のことであった。二〇〇二年（平成十四年）五月に第五十四回国際捕鯨委員会（ＩＷＣ）総会が開催されるに際し、河野先生に山口県の日本海側で隆盛を誇った江戸時代の北浦捕鯨（県北の浦々における在地の捕鯨活動）について教えを請うたのである。

このことが、筆者をして大いに「捕鯨」「漁村文化」「歴史」そして

漁民のくらしに関心と興味をいだき、研究をはじめる大きな契機となった。

河野先生は、同年、長門地方において歴史の中に埋もれつつあったクジラの文化とその歴史に再度光をあてる「長門大津くじら食文化を継承する会」の初代会長に就任された。そして二〇〇五年（平成十七年）には、『長州・北浦捕鯨のあらまし』（同会発行）を上梓された。室町時代から江戸時代、そして明治時代の日本の遠洋漁業株式会社（現在の日本水産のもととなる）の設立まで網羅された不朽の名著である。

河野先生とは、二〇〇六年九月、有難くも、先生自らのご案内をいただき、川尻浦などの捕鯨跡をめぐったことが、今生の別れとなってしまった。

二〇〇八年（平成二十年）一月ご逝去（八十四歳）。合掌。

著者

あとがき

「宮本常一とくじら」を書きはじめてから三年以上が経過した。ひとえに筆者の怠慢でなかなか筆が進まなかった。

できれば宮本常一先生の生誕百周年の水仙忌（二〇〇七年一月三〇日）までには出版にこぎつけたかった。今回も多くの方々に取材や聞き取りでお世話になった。その名前を書き切れないことをご容赦いただきたい。

取材中の便宜や写真の撮映などで、山本徹氏には多大なお世話を受けた。一宝堂の堀口一蔵氏にも取材先のアレンジ・資料の整備や準備に甚大なる協力をいただいた。ごま書房の池田雅征社長にもご協力を賜った。また、日本鯨類研究所の大隅清治顧問と勇魚文庫の細田徹氏には、原稿に何度か目を通していただき、貴重な修文の指摘などを受けた。これらの方々に心から御礼申し上げたい。

最後に、筆者の遅筆を辛抱づよく待ち、本稿を完成に導いた雄山閣の久保敏明氏にも心から御礼を申し上げる。

平成二十一年二月吉日　　小松正之

は行

ま行

や行

さ行

た行

な行

索　引

あ行

か行

《著者略歴》

小松　正之（こまつ・まさゆき）

1953年生まれ。岩手県陸前高田市出身。岩手県立盛岡第一高等学校、東北大学卒、エール大学経営学大学院修了（MBA取得）、東京大学農学博士号取得。1977年、水産庁入庁。在イタリア大使館一等書記官を経て、水産庁漁業交渉官として捕鯨を担当。2000年から資源管理部参事官、2002年から2005年まで漁場資源課課長。元国際捕鯨委員会（IWC）日本代表代理、元国連食糧農業機関（FAO）水産委員会議長、元インド洋マグロ漁業委員会日本代表。2005年4月から水産総合研究センターに理事（開発調査担当）として出向。2008年から政策研究大学院大学教授。

主要著書

『クジラは食べていい』（2000年、宝島社）、『くじら紛争の真実―その知られざる過去・現在、そして地球の未来』（2001年、地球社）、『クジラと日本人―食べてこそ共存できる人間と海の関係』（2002年、青春出版社）、『国際マグロ裁判』（2002年、岩波書店）、『クジラその歴史と科学』（2003年、ごま書房）、『The history and science of whales』（2004年、Japan Times 上掲書の英語版　三崎滋子による英訳）、『江戸東京湾 くじらと散歩―東京湾から房総・三浦半島を訪ねて』（2004年、ごま書房）、『よくわかるクジラ論争―捕鯨の未来をひらく』（2005年、成山堂書店）、『クジラその歴史と文化』（2005年、ごま書房）、『豊かな東京湾―甦れ江戸前の海と食文化―』（2007年、雄山閣）

平成21年2月25日初版発行　　《検印省略》

宮本常一《みやもとつねいち》とクジラ

著　者　小松正之
発行者　宮田哲男
発行所　（株）雄山閣
〒102-0071　東京都千代田区富士見2－6－9
電話03-3262-3231㈹　FAX　03-3262-6938
振替：00130-5-1685
http://www.yuzankaku.co.jp
組　版　創生社
印　刷　スキルプリネット
製　本　協栄製本

Printed in Japan
ISBN 978-4-639-02050-9 C1039